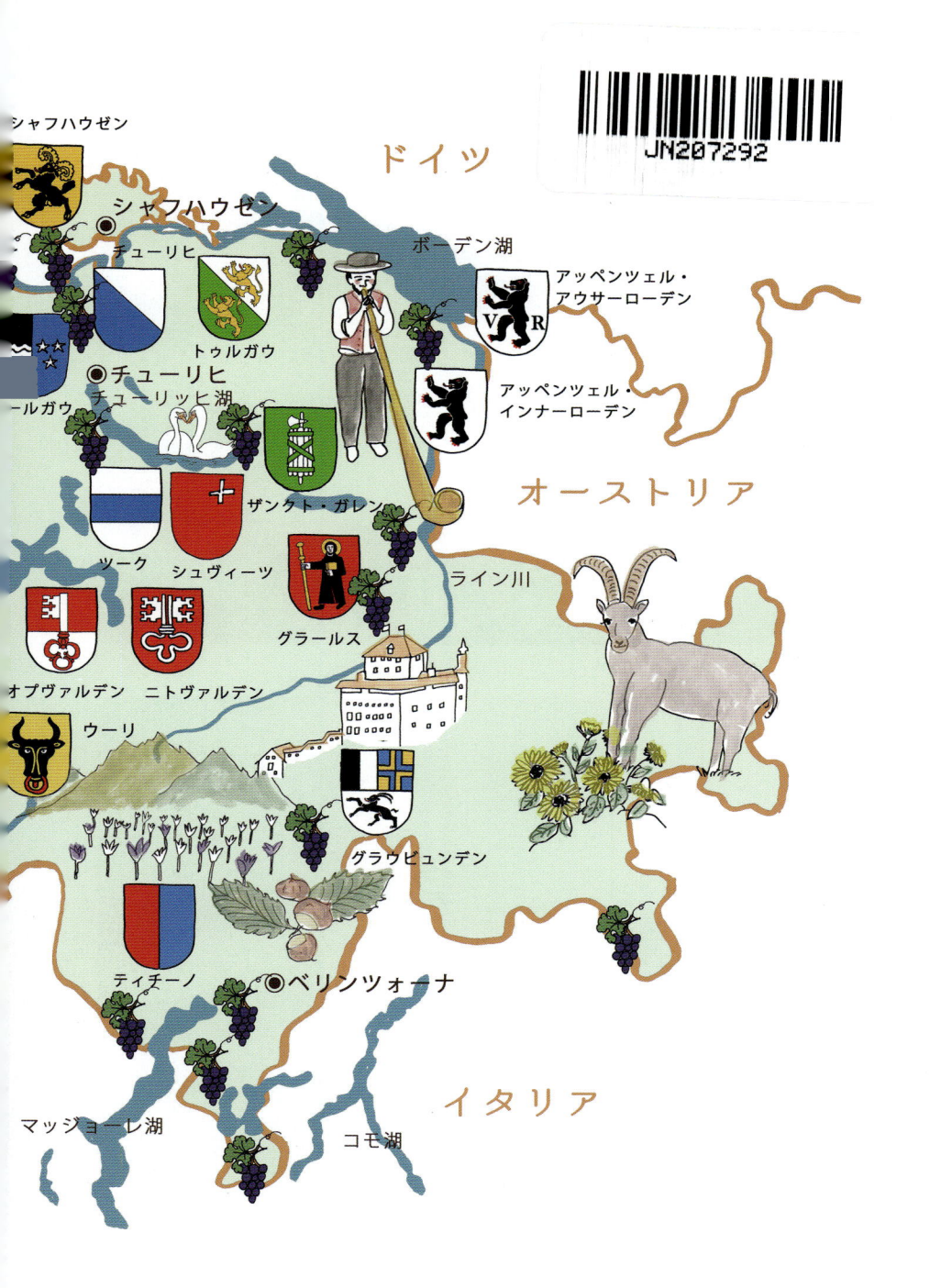

シャフハウゼン

ドイツ

JN207292

シャフハウゼン

チューリヒ

ボーデン湖

アッペンツェル・
アウサーローデン

トゥルガウ

チューリヒ

ルガウ

チューリッヒ湖

アッペンツェル・
インナーローデン

オーストリア

ザンクト・ガレン

ツーク　シュヴィーツ

ライン川

グラールス

オプヴァルデン　ニトヴァルデン

ウーリ

グラウビュンデン

ティチーノ　◎ベリンツォーナ

イタリア

マッジョーレ湖　　コモ湖

イラストマップ：森ひろこ

オードリー・ヘップバーンの墓（Tolochenaz村）

ブドウ畑に植えられたバラ。害虫の被害を逸早く察知できる。

CPC リブレ　No. 11

オシャレなスイスワイン
観光立国・スイスの魅力

井　上　萬　葡

クロスカルチャー出版

スイスワインの主な産地

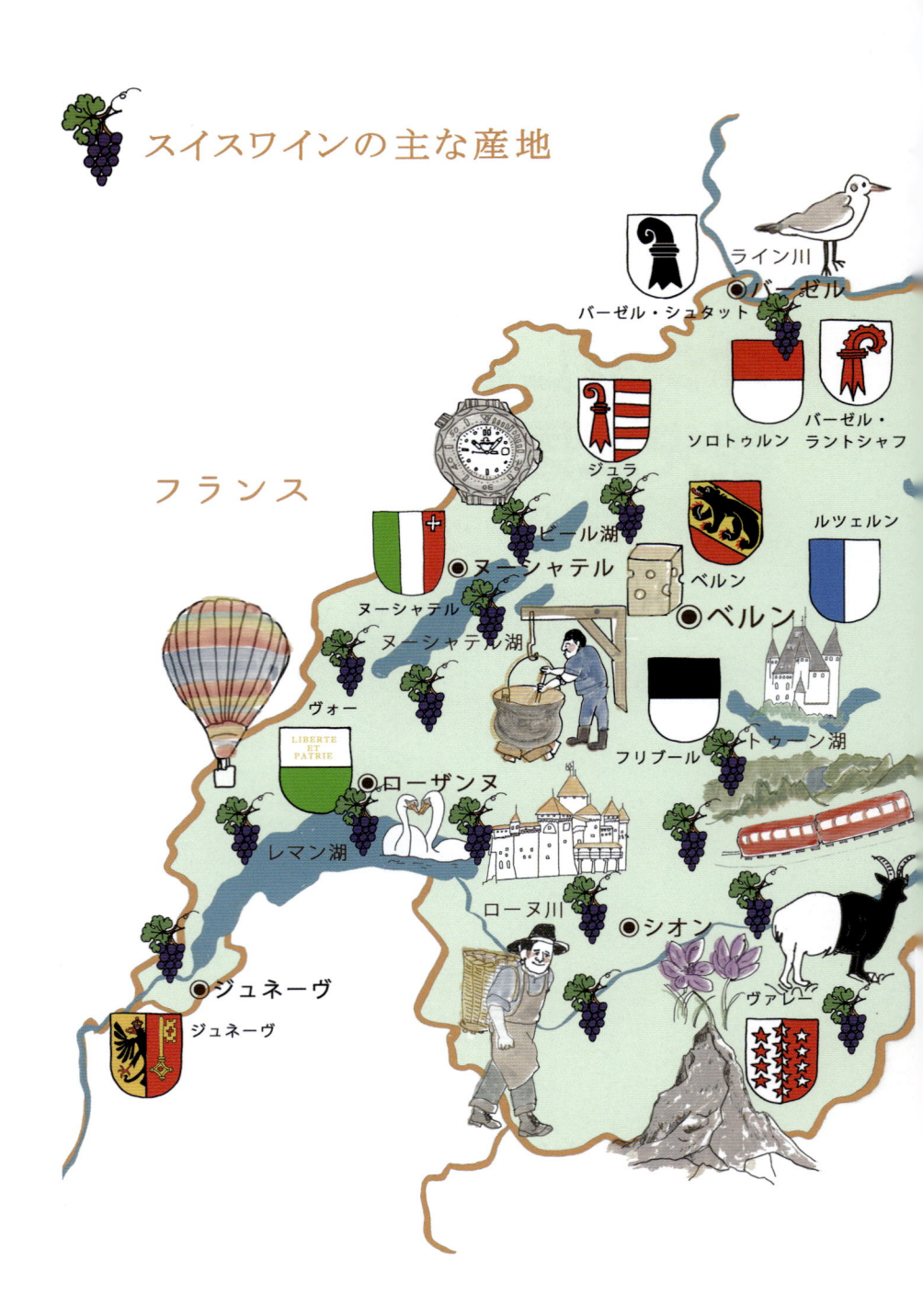

フランス

ライン川
バーゼル・シュタット
バーゼル
ソロトゥルン
バーゼル・ラントシャフト
ジュラ
ルツェルン
ビール湖
ヌーシャテル
ベルン
ヌーシャテル
ベルン
ヌーシャテル湖
ヴォー
トゥーン湖
フリブール
ローザンヌ
レマン湖
ローヌ川
シオン
ヴァレー
ジュネーヴ
ジュネーヴ

目　　次

はしがき ……………………………………………………………… 1

第1章 スイスワインの来た道…………………………………………… 3

　アルプス山脈に育まれたスイスのワイン ………………………… 4

　　スイスワインの歩み1　〜ケルト人がワインを造るまで〜 …… 6

　　スイスワインの歩み2　〜聖なるワインを求めて〜 …………… 8

　　スイスワインの歩み3　〜修道院が築いた礎〜 ……………… 10

　　スイスワインの歩み4　〜開かれたワイン交易と騎士団〜 ……… 11

　　スイスワインの歩み5　〜世界がスイスワインに注目〜 ………… 12

　　スイスワインの歩み6　〜海外でも活躍したワイン造りの人たち〜
　　　……………………………………………………………… 14

　　スイスワインの歩み7　〜瓶詰ワインとブドウの品種改良〜 ……… 15

　　スイスワインの歩み8　〜一隅を照らすスイスのワイン〜 ………… 17

　　☕ **ひとこと**　ピエール・ジアナダ財団：Foundation Pierre
　　　Gianadda ………………………………………………… 19

第2章 スイスワインの魅力…………………………………………… 21

　各州のスイスワイン …………………………………………… 22

　　ヴァレー州 ………………………………………………… 22

　　ヴォー州 …………………………………………………… 23

　　ジュネーヴ州 ……………………………………………… 24

　　三湖地方（ヌーシャテル州ヌーシャテル湖・ベルン州ビール湖・フリ
　　　ブール州モラ湖）………………………………………… 24

　　ジュラ州 …………………………………………………… 25

スイスのドイツ語圏 ……………………………………………… 26

ティチーノ州 ……………………………………………………… 27

☕ ひとこと　伝説のスイススパークリングワイン ………………… 29

第3章 スイスワインを紐解く ……………………………………… 31

スイスのワイン法 ………………………………………………… 32

生産量に見る近年の状況　～2009年から2018年にかけて～ ………… 34

☕ ひとこと　スイスの品質表示ラベル …………………………… 39

第4章 スイスのツーリズムとワイン ……………………………… 41

スイスのツーリズムが目指すもの ……………………………… 42

ユネスコの世界遺産がブドウ畑にもたらしたもの …………… 44

スイスツーリズムの火付け役 …………………………………… 46

桃源郷スイスと日本の交流 ……………………………………… 51

第5章 スイスワインの旅　小説篇 ………………………………… 59

薔薇とスイスワイン『薔薇のレースリ Rosenresli』より ……… 60

ホラー小説への招待　『フランケンシュタイン Frankenstein』と
　『吸血鬼 The Vampyre』ができるまで ………………………… 64

ヘミングウェイ『スイスへの敬愛』(Homage to Switzerland) ……… 66

第6章 スイスワインの旅　古城篇・番外篇 ……………………… 71

古城を巡る1　ヴフラン城・アラマン城・シヨン城 …………… 72

古城を巡る2　エーグル城・ヴァレール城・トゥールビヨン城 …… 74

古城を巡る3　ブードリー城・ムノート城・ベルンツィオーナの城
　（カステルグランデ、カステッロ・ディ・モンテベッロ、カステッロ・ディ
　・サッソ・コルバーロ） ………………………………………… 76

塩とスイスワイン ……………………………………… 80

ファリネの小道 …………………………………………… 83

☕ ひとこと　妖精の洞窟 "La Grotte aux Fées" を
訪ねてみませんか ……………………………………… 86

第7章 スイスワインのお祭り …………………………… 89

ワイン生産者の祭り（Fête des Vignerons）…………… 90

スイス各地のワイン祭り ……………………………… 92

Russin のワイン祭り（Fête des Vendanges de Russin）……… 92
［リュッサン］

Neuchâtel ワイン祭り（Fête des Vendanges de Neuchâtel）……… 93
［ヌーシャテル］

Neuveville ワイン祭り（Fête du vin La Neuveville）………… 93
［ヌーヴヴィル］

Twann のワイン街道めぐり（La route du vin à Twann）……… 94
［トゥワン］

バッカスの祭り（PerBacco! Festa della Vendemmia）………… 94

各地のワイン祭りとイベント一覧 ………………… 95

第8章 食とワインの力 …………………………………… 99

カエサルの征服がもたらしたワイン文化 ………… 100

昔の人々の暮らしに見る食とワイン ……………… 102

パウル・クレーの愛した味 ………………………… 105

オードリー・ヘップバーンのレシピとスイスワイン ……… 108

スイスの郷土料理—スイスのドイツ語圏— ……… 111

—スイスのフランス語圏— ………… 112

—スイスのイタリア語圏— ………… 113

スイスのチーズに秘められた物語 ………………… 114

☕ ひとこと　チーズが叶えた恋 ……………………… 121

第9章 スイスの農業とワイン 123

ワイン市場の自由化がもたらしたもの 124

次世代のワイン醸造家 125

自然に還るワイン造りを目指す人たち 127

究極の選択の果てにたどり着いた自然農法 130

第10章 芸術を彩るスイスワイン 135

友情を育んだスイスのワイン 136

リルケが愛した終の棲家 140

あとがき 153

スイスワインの可能性 153

スイスの歴史とワインの年表 155

『オシャレなスイスワイン　観光立国・スイスの魅力』要約 162

A SYNOPSIS OF STYLISH SWISS WINE: Switzerland that makes an attractive tourist destination by Vanpo Inoue 163

はしがき

スイスワインとの「縁」

　わたしが運命のワインと出会ったのは、今から30年前にレマン湖のほとりにある小さなカフェを併設したビストロに出かけた時でした。親族の見舞いのためにジュネーヴを訪れていたわたしにとって、スイス滞在最後の夜の出来事でした。

　夕食を終えて、夜のレマン湖畔の Nyon（ニョン）に散歩に出かけた折に、立ち寄ったビストロは、ある国の元大統領が、とても気に入られていて、ご家族で利用されていることがある隠れ家的な名店でした。

　その夜、レマン湖畔を見上げると、暗闇の大空に爆音とともに幾重にも重なって稲妻が走り、街は静まりかえっていました。歩き疲れたわたしに、店主が奨めてくれたグラスの白ワインを口中に含むと同時に、大きな稲妻が湖畔の空を走り抜けて、大きな爆音が鳴り響いたのです。

　その時、グラスから懐かしい香りが溢れ出て鼻腔を抜けて心が逸りました。"これは何としたことか。"と思いました。わたしは、この時に体が舞うような感覚に包まれました。その衝撃的な瞬間は今も鮮明に覚えていますが、過去に一度も味わったことのない感覚であることは確かでした。初めて出会ったワインであるにも拘わらず、とても懐かしい味わいが次々と頭をもたげてくるのでした。

　店主がブドウは「Chasselas（シャスラ）」で、「Dézaley（デザレー）」というワインの銘柄だと教えてくれました。わたしは戸惑いながらも頷き、もうひと口飲んで、その味わいを確かめていました。きりりと冷えたグラスの中でレモン色をした液体は誇らしげに輝いていて、菩提樹のような気高い香りが鼻腔を抜けて、軽く接吻でもされたような感触に襲われ、唇をかみしめていました。

　来年はきっとこのスイスで、ワイン産地に出かけなくてはという強い思

いが心をよぎりました。わたしはカメラを持ち、スイス各地に取材に向かいました。

　今回掲載の写真は、その時に撮影したものです。（Fête des Vignerons 2019 を除く）

　それから、どのくらいの時が経ったのでしょうか。気が付けば、スイスでも日本でも、スイスのワインを通じて多くの人との出会いがありました。

　今まで、大阪、東京で開催させていただいたワイン会、また、図書や雑誌の執筆では、毎回、スイスの歴史、文化、芸術、農業、経済、工業、社会など、あらゆる側面から見たスイスのワインを取り上げてきました。今回、この本を通してそれらが、読者の皆様の一助となって、新たなワイン文化となって引き継がれていくことができましたら幸いです。さらに、本書の各所の情報を通じて、読者の皆さまが新しいスイスを発見されて、心豊かなワインライフを築いていかれることをお祈りします。

　今回、わたしの前作「霊峰に育まれたスイスのワイン」におけるスイスのワイン文化とその交流に深い興味と理解を示され、出版にご協力いただいたクロスカルチャー出版の代表取締役 川角功成氏には、心から感謝申し上げます。

令和元年 7 月 31 日　著者　井上萬葡

第1章　スイスワインの来た道

ブドウの品種改良に努めた Hermann Müller 博士の像
（Wädenswil のワイン研究所内）

アルプス山脈に育まれたスイスのワイン

　あるテレビの番組で、ラクレットチーズが美味しいチーズだと紹介されていて、ブームに乗り遅れてはいけないと、そのチーズが出されているお店に我先にと駆け付けると、そこでまた、ラクレットチーズに合うスイスのワインがあると聞き、味わってみると、これが思いのほか美味しかったという経験をされたことはありませんか。

　世界各国のワインが店頭に並ぶ中で、スイスのワインを選んでみようという理由はなんでしょうか？　スイスチーズにはスイスワインという選択でしょうか。既にスイスワインをご存知の方もこれからスイスワインを飲んでみようかという方にも、スイスワインの来た道を辿りながらその魅力を探っていただけたらと思います。

　スイスは、日本と地形が似ていて、沢山の山や川、湖があります。中央ヨーロッパに位置するスイスの国土は、41,825km^2 と日本の九州地方とほぼ同じ位の面積です。アルプス山脈は、スイス東部から西部にかけて広がり、国土の6割を占めていて、その中には、4,000m を越えるアルプスの山々が48もあります。国土の3割を占めている中央平原は、レマン湖からボーデン湖まで広がっていて、平均標高は580m もあります。残りの1割はジュラ山脈で、フランス、ドイツの国境を越えて広がっています。

　スイスを水源とするローヌ川、ライン川、イン川は地中海、北海、ドナウ川を経由して黒海に注いでいます。また、豊かな水源を湛えた湖は約1,500もあります[1]。

　スイスでは、このようにアルプス山脈が国土を占める割合が大きのですが、人々は、標高の高い平原や山の斜面を切り開いてブドウを植えてワインを造っています。

　ブドウ畑が造られているのは、北緯45度から47度で、標高は、それぞれの州によって異なりますが、375m から1,100m の標高に畑があり、急傾

斜の斜面の畑も多く、作業従事者にとっては、手作業での作業が中心となるので、大きな労力が必要となります。しかし、この厳しい環境こそが、スイスワインのひとつの特徴となっています。

　もうひとつは、この地形に大いに影響を与えている気候です。スイスはヨーロッパの中央にあるために、アルプスの豊かな牧草の生育の環境にも影響する大西洋からの湿った気流、地中海からの乾燥した気流、寒暖の差を生みだす東方からの大陸性の気流、そして、北ヨーロッパの寒帯からの気流が複雑に交じり合って、スイスの独特な地形も影響して、マイクロクライメイト（微気候）の環境がブドウの生育に貢献しています。

　最後にスイスの地質ですが、なぜ、アルプスを中心とする土壌の中に多くの石灰質が含まれているのかを、その歴史から読み取ることができます[2]。

　アルプス山脈を中心とした地形は古生代の石炭紀（約 3 億 5890 万年前―約 2 億 9890 万年前）の初期に、現在の大西洋の赤道付近にあったローラシア大陸と南半球から北上してきたゴンドワナ大陸にシベリアも加わって衝突してパンゲア大陸が出現します。その頃、スイスの付近は、赤道に近かったため熱帯や亜熱帯の気候で、赤色砂岩が堆積していたり、浅瀬の海があったので、石膏や岩塩が堆積したり、また、サンゴ礁ができたりして石灰岩の層を形成していました。

　ジュラ紀の（約 2 億 130 万年前―約 1 億 4500 万年前）の初期になると、パンゲア大陸が裂けて大西洋が出現したため、東に移動したアフリカ大陸、ヨーロッパ大陸、アメリカ大陸間にも海ができます。その頃、ヘルベチア・アルプスと呼ばれる中央アルプス付近には大陸の粉砕物が大量に堆積します。マッターホルン付近のペニン・ナップと呼ばれる地域には炭酸塩岩と深海軟泥が多く堆積して、ジュラ紀の後期までに石灰岩の層を形成します。

　その後、ヨーロッパ大陸には、アフリカ大陸が回転して、海が閉ざされ

ると、始新世（約5600万年前―約3390万年前）から漸新世（約3390万年前―約2303万年前）に2つの大陸間にあった海底の堆積物と海洋地殻が押し合って褶曲を重ねて、地殻が激しく隆起して浸食を続けてアルプス山脈が形成されます。現在もいくつかの氷河がスイスに見られるように、第四紀の氷河期の終焉である紀元前1万年まで、アルプス山脈は浸食されて現在の地形ができました。

Zürich、Bern、Genève などの北方と南方のアルプスに位置する平地は、アルプス山脈が隆起してから運ばれてきた堆積物の第三期層（約2350万年―約170万年）から形成されています[3]。有孔虫、巻貝、二枚貝、硬骨魚などの生物が多く生息していたことから、堆積物には海の化石が多く含まれていたようです。この土壌のワインは、果実味が豊かで喉越しの良いワインが多く、スイスワインの主品種である Chasselas の味わいに、より磨きをかけているのではないでしょうか。

スイスワインの歩み1　～ケルト人がワインを造るまで～

スイスで、農耕民族がその一歩を踏み出したのは紀元前5000年から2000年頃の新石器時代です。人々は、森林を切り開き、荒地を開墾することで、各地を転々とした生活から定住生活をするようになります。その頃には、野生のブドウが育っていたようですが、ブドウを食用としていた形跡はありますが、ワインが彼らの生活の中に存在したのかどうかを証明するものはありません。

鉄器時代の紀元前800年頃になると、ヴァレー州でブドウの樹が植えられていたという記録が残っていますが、後に発展するハルシュタット文化と共に、ケルト人たちが、ワインの醍醐味を知り、その文化に徐々に惹かれていったことを考えると、ワインの発展はアルプス山脈を越えてやって来たローマ人たちの全盛の時代になってからと推測することができます。

紀元前700年頃には、鉄器時代前期であるハルシュタット文化の時代が

やってきます。この頃からケルト人は、北は交易の中心地であったハルシュタット（現在のオーストリアの Salzburg）や南はギリシャにまで足を運んでいました。ケルト人は、商人たちがすでに行き来していた道を辿り、大好きなワインを手に入れるために、琥珀をギリシャの植民地であるアドリア海の Massalia（Marseille）まで運んでいたのです。当時のケルト人たちは、大麦を原料としたビールのようなお酒を飲んでいたので、一度味わったワインのおいしさを忘れることができず、なんとワインの壺一つに対して、奴隷一人という高額な報酬を商人たちに支払っていたようです[4]。

　さて、紀元前 450 年頃、鉄器時代後期になると、ケルト人たちによって育まれたラ・テーヌ文化が開花します。ヌーシャテル湖畔のラ・テーヌ遺跡からは、馬具や刀剣、黄金の美しい装飾品が見つかっています。これらには、前期のハルシュタット文化を継承して、更に洗練した技術を得た彼らの技術が集約されています。しかし、この頃にも、ケルト人たちの中でもワインは、他国からやってくる高価な飲料であったようです。ギリシャやローマの影響を受けたケルト人たちは、カエサルが侵入してくる150年も前からギリシャやローマの影響を受けて、交易のための貨幣をつくっていました。貨幣には、部族の王の名前などが刻まれていたようですが、文字で綴られた彼らの記憶が残っていないことは大きな謎です[5]。

　紀元前 3 世紀頃から、ローマ人たちがスイスのティチーノ州南部に侵攻し、スイス南部を拠点としながら、アルプス山脈を越えて北へと徐々に侵攻する機会を窺っていました。

　ローマでは第一回三頭政治が、ポンペイウス、クラッススと組んだカエサルによって始動されると、紀元前 58 年にカエサルのローマ軍と現在のスイスに住んでいたケルト人の一部族であるヘルウェティ族との戦いが始まります。ケルト人の中で戦闘に長けていたヘルウェティ族は、近隣の部族と共に肥沃な土地を求めて、西へと移動を試みましたが、カエサルに押し戻されてしまいます。その後、彼らはローマの支配下に置かれて、スイス

Nyon の町に立つ Caesar の像

各地では、ローマ人が新たな都市を築いていきます。カエサルは勝利を祝う宴には、各地からワインを取り寄せていたほど、ワインの知識が豊富でした。ワインは、ローマの兵士たちの士気を高めるには重要な飲料でした。スイス全土では、河川の流域にブドウの苗木が持ち込まれて植えられるようになりました。カエサルの死後もローマの都市建設とブドウの植樹は続きます。皇帝アウグストゥスは、現在のイタリア北部で品種改良したブドウを、スイスのアルプスの陽あたりの良い南の斜面に植えて成功しています。

ブドウが生育すると、醸造技術も伝えられ、ワインが各地で造られるようになります。ヘルウェティ族もいつまでも高価なワインをローマ人たちから購入するよりも、自分たちの優れた農業技術を活かしてブドウを栽培しようとします。しかし、植樹のすべての権利がローマ人から彼らにもたらされるまでには、その後、百年以上の年月を要してしまいます[6]。

しかし、ワインは、ローマ帝国の拡大も手伝って海上交易によって、ヨーロッパ全土に広がっていくと、ヘルウェティ族の住むガリアのワインの品質は向上します。

スイスワインの歩み2　〜聖なるワインを求めて〜

ガリアでのワイン文化は成功を収めますが、それを皇帝ドミチアヌスは黙って見てはいませんでした。食料危機への危惧もあり、91年に「植民地ブドウ栽培制限令」を出し、植民地のガリアでもブドウ畑を破壊してしま

います。

　ドミチアヌスの後の 150 年後、276 年から 282 年にかけて在位した皇帝
プロブスは、政策の中にブドウ畑を開墾する指令を出します。彼は不運に
も部下たちに暗殺され、短い在位でしたが、スイスを含む西ヨーロッパの
ブドウの開墾が後になって、大きな実を結ぶことに貢献しました[7]。

　その後、ローマ史の中でのスイスは、ゲルマン諸部族の南下によって、
防衛を強化していきますが、443 年に、ブルグント人はスイスのケルト人
やローマ人たちと同盟を結んで、現在のサヴォア周辺にブルグント王国を
設立します。476 年には、西ローマ帝国が崩壊すると、その勢力は、現在
のヴァレー、ヴォー、フリブール、ジュラ州にまで拡大します[8]。ローマ
風のワイン文化の影響を受けて、彼らの生活の中には、ワインを飲料とす
る習慣が根付いていったようです。

　キリスト教におけるワインの貢献は、後のワイン文化の発展に大きく貢
献します。パンとワインがキリスト教の聖餐儀礼において、パンをキリス
トの体とし、ワインをキリストの血とするということから、長い歴史の中
で、これらを頼りに人類が生命を繋ぐことができる可能性がそこにあるこ
とを見出すことができます。

　515 年にカトリックに改宗したブルグント王ジギスムントは、Genéve の
サン・ピエールのパシリカ会堂をはじめ、サン・モーリス修道院などを建
設して、キリスト教定着のために大きく貢献します。スイス東部のアレマ
ン人は、西部の熱心なキリスト教信仰とは異なっていて、キリスト教を受
け入れてはいませんでしたが、590 年頃からボーデン湖畔周辺で熱心な布
教活動を行っていたアイルランド人たちの僧侶たちによって、キリスト教
は受け入れられるようになります。620 年には、St.Gallen 周辺では、僧侶
たちによってブドウ栽培が始まり、畑が広がっていきました[9]。

スイスワインの歩み3 ～修道院が築いた礎～

800年のカール大帝のフランク王国の時代になると、西ヨーロッパのほぼ全域がカール大帝の支配下に治められました。彼は教会や修道院との関係を円滑に進めて、ワインの製造法管理などの指令を出して、ブドウ畑の拡大とワインの品質改良に努めましたが、彼の死後、東西のフランク王国は、イスラム教徒などの侵入もあり、しばらく混乱が続きます。王侯貴族が領土の管理に神経を注がなくてはならない時、修道院は彼らを迎え入れる重要な場所でもあり、祈りを通じて、民衆の安全を確保する場所でもありました。また、農業やラテン語などの語学教育の教えを施す教育機関でもありました。現在のフランスのブルゴーニュに910年に建てられたクルニュー修道院は、ベネディクト会最大の修道院ですが、この頃、その流れを汲む僧侶たちが、スイスのヌーシャテル州 Cormondrèche やティチーノ州 Giornico に起点を築いて、ブドウ栽培を広めています[10]。

神聖ローマ帝国統治後の999年に国王ルードルフ3世は、ヴァレー州をシオン司教に、1011年にヴォー州を Lausanne の司教にそれぞれ王家の管理を委ねる権利を与えました。この頃は、まだベネディクト会の権力が各地を支配していましたが、1098年、王侯貴族と変わらぬ栄華を極めていたベネディクト会を、祈りと清貧、そして労働の暮らしを重んじる従来の戒律に目覚めた僧侶たちがシトー会を設立して、法衣を黒から白へと改めると、一心にブドウ畑の開墾とその研究に力を注ぎました。彼らは重労働を担っていたため短命でした。そのように命を削ってまで、ブドウ畑を築き上げたのでした。

ヴォー州の銘醸畑として知られる Dézaley の Clos des Abbeyes や Clos des Moines はシトー会の僧侶たちが、当時、木々で深く覆われたレマン湖畔の南向きの急斜面を開墾してブドウを植えたことが始まりとなりました。農家の人々にも栽培方法を伝授して、ブドウは多くの実りをつけ始めます。既に栽培のための土壌学を身に着けていた僧侶たちは、この土壌には白ワ

イン用のブドウが特に適していることを知っていました。その頃から、レマン湖畔には彼らにより Chasselas のブドウが植えられていたのではと言われています。

　12 世紀は三圃農業がヨーロッパで広がっていった頃でもあり、農業に対する合理的な考え方が一般の農業従事者に、すんなりと受け入れられたこともあり、ブドウの生産性も徐々に向上していきました。

　僧侶たちの活躍は、ヴォー州の Concise にも残されています。シトー会とは袖を分けるフランスのグランド・シャトリューズ修道院の流れを汲む、チャーターハウス La Lance は、Grandson のオットー 1 世によって 1318 年、Concise に建設され、カルトジオ会の僧侶たちによって管理されています。彼らは、森の使用権、湖での漁業権、牧草地の権利などを手に入れて、自給自足の生活を営みました。小規模ですが、ここでもブドウを植えてワインを造りました。現在もドメーヌでのワイン造りは続いています。

　カルトジオ会の僧侶は、1458 年にトゥルガウ州 Frauenfeld にイッティンゲン修道院、その後もヴァレー州 Sierre に修道院を建て、そこを起点として活動を広げていきます[11]。

スイスワインの歩み 4　〜開かれたワイン交易と騎士団〜

　スイス南部では、1236 年からドイツ、イタリアを最短で結ぶサン・ゴッタルド峠が開かれていました。1291 年にはウーリ、シュヴィーツ、ニトヴァルデンは「永久同盟」を結んで、地域の平和維持のための相互援助を約束したのです。それが現在のスイスの基礎となっているため、同盟締結の 8 月 1 日は、スイスの建国記念日となっています[12]。サン・ゴッタルド峠を中心にスイスを南北に貫くルートは、ワインの交易においても重要なルートとなっていきました。

　同盟締結には、11 世紀後半から 200 年以上に亘って続いてきた十字軍遠征の時に活躍したテンプル騎士団の活躍が関係してきます。彼らは、スイ

ス国内の地方組織をまとめ上げて同盟をまとめるために貢献しました。
1307 年、フランスは、イギリスとの戦争で負っていた債務の利権を巡って
彼らを弾圧します。その結果、ホスピタル騎士団（ロドスおよびマルタに
おけるエルサレムの聖ヨハネ病院独立騎士修道会）やテンプル騎士団は、
スイスへ逃げてきます。

　彼らは、13 世紀から 17 世紀にかけて、チューリヒ州 Kunstnacht に礼拝
堂と病院を築き、ワインは聖杯を担うだけでなく、薬効としての役割があ
ることを伝えていきました[13]。チューリヒ州の Bubikon にあるリッター
ハウス（Das Ritterhaus）は、彼らに所縁のある城で、併設された博物館
には、彼らの活動を知るための資料が多く展示されています。

　1347 年からヨーロッパ全土に蔓延していったペストは、東西南北のルー
トを通ってスイス各地にも瞬く間に広まりました。その間のブドウ畑は手
入れがされず、一時は荒廃しますが、各地で僧侶たちは根強く布教活動と
共にワイン造りを続けていきます。ペストの蔓延は、その後も訪れますが、
手入れが必要な繊細な Pinot Noir に代わって、比較的育てやすい Gamay
が登場したのは、この病気が広がったためとも言われています[14]。

スイスワインの歩み5　～世界がスイスワインに注目～
　スイスは、1291 年のウーリ、シュヴィーツ、ウンターヴァルデン 3 州に
よる永久同盟締結後、盟約者団が結成されて、1353 年にはグラルス、ツー
ク、ルツェルン、チューヒリ、ベルンの各州が加わり 8 州同盟となり、
1513 年に、フリブール、ソロトゥルン、バーゼル、シャウハウゼン、アッ
ペンツェルが加わると 13 州同盟を締結しましたが、国政は安定せず、その
間にもハプスブルグ家やサヴォア家との戦いが長く続きました。その後は
宗教改革の時代へと移っていきます。
　1519 年に Huldrych Zwingli によって始まった宗教改革は、ルター
（Martin Luther）、カルヴァン（Jean Calvin）の登場で宗派分裂が起こっ

た時代も国内では戦争が続きます。農民たちは、厳しい税の取り立てがある修道院に、戦いを挑みました。スイス国内でのこうした状況によって国力が失われ、そこからスイスは 30 年戦争へと突入していきます(15)。戦時中は、ワインを含めて農作物の価格は高騰していたので、スイスは好景気に沸いていました。命がけではありましたが、傭兵を志した人々の報酬もあり、農家の人々は潤っていました。

　さて、スイスワインに興味を示した有識者のひとりで、隣国のイタリアの作家でもあり、医師や哲学者として活躍していた Andrea Bacci 氏は、1575 年に『ワインの自然史』（De Naturali Vinorum Historia）を出版しました。彼は、植物学にも精通していました。ワインの醸造や保存、ワインと健康、古くからのワインの使用など、イタリア各地のワインだけでなく国外のワインについても言及しました。スイスの項目では、ローヌ川に沿って St.Maurice からヴァレー州とアルプスを越えてイタリアに向かって広がっているワイン産地についても触れ、ヴァレー州の Sion や Sierre では、白よりも赤が多く産出され、絶妙な味わいであると結んでいます(16)。

　世界の哲学者を魅了した『随想録』（Les Essais）を 1580 年に出版したフランスのモンテーニュ（Michel Eyquem de Montaigne）は、その後、フランスを出てドイツ、スイス、イタリアへ旅に出ます。『旅日記』（Journal de Voyage）によると、ブドウの収穫が終わったころ、モンテーニュは Basel に到着すると、市からは歓迎のワインが届けられ「この地のぶどう酒は実にうまい。」と日記に綴っています。宿で出された魚料理とスイスワインにも興味を示し、当時、水で割ったガスコーニュのお酒を常飲していた彼にとって、水で割らないワインが弱い酒ではあるけれど「けっこううまい。」と絶賛しています(17)。旅の疲れをスイスワインによって癒されたモンテーニュの素顔をこの日記に垣間見ることができます。

　30 年戦争が終わると、スイスは戦時中に中立を維持したことが国際的に大きく評価されて、独立を果たします。

こうして 1652 年に設立された新政府は、貨幣の調整やワインへの新課税法の制定に乗り出します。1653 年、農民たちは、これに反対して戦いますが、政府の軍隊に負けて戦いは終わります。

スイスワインの歩み 6　～海外でも活躍したワイン造りの人たち～

　18 世紀から 19 世紀にかけては、スイスとワインの発展にとって大きな動きがありました。

　1761 年に Jean-Jacques Rousseau（ジャン・ジャック・ルソー）が発表した書簡体恋愛小説『新エロイーズ』には、レマン湖一体の美しい風景が描かれていて、ヨーロッパ諸国の多くの読者を魅了しました。ルソーのこの作品がきっかけとなり、スイスは次第に観光で賑わいを見せるようになります。観光客はアルプスに抱かれたブドウ畑を散策して、その美しさに感動し、スイスのワインに引き込まれていきます[18]。

　1789 年にフランス革命が起こると、その影響はスイスにも及びました。フランス国内では修道院の本部が解体されたこともあり、スイス各地の修道院は解散を余儀なくされました。ブドウ畑は僧侶たちの手から離れて農民たちへと委ねられました。

　中央集権派と連邦主義派が混在していたスイス国内は、安定しない状況が続いていましたが、1803 年にナポレオンによる「調停法」の制定によって、スイスの中立を保証した新憲法が制定されました。その後、1848 年の連邦国家成立までは、スイスは変動する政治体制の中にあり、まだまだ予断を許さない状況でした。

　1796 年にヴォー州のブドウ栽培者である Jean-Jacques Dufour（ジャン・ジャック・デュフォア）はアメリカでアルコール度数の強いお酒が蔓延していて、ワインが不足していることを知り、オハイオ川からミシシッピー川上流、ケンタッキー川周辺のブドウ畑を訪れ、後にオハイオ川周辺でブドウ栽培に着手し、成功を収めます。1826 年には『ドレッサーのアメリカワインガイド』（The American

Vine-Dresser's Guide）を出版しています[20]。

　1822年には、ヴヴェ在住の植物学者の Louis-Vincent Tardent が、政治家の助言により、入植のために、彼の家族と農業従事者30名で、当時はまだロシア領であった Bessarabia（現在はモルドバ共和国）に3か月かけて向かいます。その時、彼ら Cabernet Sauvignon、Riesling、Muscat、Chasselas などをスイスから持ち込んで植えたのでした。その地は「ヘルヴェチアンポリス（Helvetianopolis）」と名付けられて、彼らのワインは、瞬く間に国外でも評判になりました。タルデントの息子は、父の死後も農園を継いで、1874年に『ブドウ栽培』（Viticulture）というワイン造りに関する著書も出版しています[21]。

　その頃、もうひとりのスイス人が海外で成功を収めます。1870年、Basel生まれの Edouard Weber は、ハンガリー政府の招聘によって、教育研究所の教授として、Budapest 郊外の小さな町に赴任してきます。その頃、町にはペストが流行します。1880年には、この地域のブドウ農園にフィロキセラの被害も発生して、農民たちは壊滅的な被害を受けました。その後、ウェーバーはスイス企業の援助を得て、近郊のバラトン湖周辺に 1,100haのブドウ農園「ヘルヴェティア（Helvétia）」を開きます。彼は市の援助を取り付け、更に農園を広げると、1892年には困窮した多くの農業従事者を受け入れます[22]。現在もバラトン湖周辺は、ハンガリーワインの名産地として有名ですが、ここにもスイスとの縁があったようです。

スイスワインの歩み7　〜瓶詰ワインとブドウの品種改良〜

　スイスのワイン産業を更に発展させたのは、鉄道の開通でした。しかし、当初の 1847年は、各カントン（州）の利害関係があり、Zürich と Baden間の 25km だけでした。この問題に早急に取り組むために動いたのが、政治家であり、経済、教育など、様々な分野に精通していた Alfred Escherです。1853年に北東鉄道会社を設立すると資金調達のためにクレディ・ス

イス銀行を設立します。1871 年にはザンクト・ゴットハルド峠にトンネル
を開通するためにゴットハルド鉄道会社を設立しますが、トンネル開通に
莫大な資金が投じられたことの責任を取って社長を辞任します。しかし、
この峠を越えるトンネルの開通は、現在も周遊国を結ぶ重要な路線となっ
ています。1902 年にスイス連邦鉄道が設立されると、一部の路線は国有化
されます[23]。

　1890 年代は鉄道の発達と共にワインの流通が最も活発になりました。ワ
イン輸送のために当初は樽を使って運んでいましたが、これに代わってコ
ルク栓をして瓶詰めされたワインが登場します。ガラス瓶を製造する技術
は紀元前 2000 年頃からありましたが、瓶製造はずっと後になってから英国
で開発されて、一般的に普及したのは 1600 年代になってからのことです。
コルクは既に使用されていましたが、今とは形状の異なるものであったよ
うです。その後、英国人が 1600 年代の後半までにコルクスクリューを発明
したようですが、その真相は定かではありません[24]。

　スイス、ヴォー州にあるワインメーカー Testuz 社では、1868 年にドイ
ツ製のフィルターを購入してワインを瓶詰にして出荷を始めたとの記録が
残されています[25]。これによってスイス各地のホテルへもワインが流通す
るようになります。これらの出来事により、ワインの保存と熟成が安定す
ると、流通は更に拡大されました。

　ブドウ品種の改良もこの頃、活発になります。1882 年、スイスのトゥル
ガウ州出身の Hermann Müller 博士がドイツの Geisenheim のブドウ研究
所でブドウの接ぎ木をして交配品種をつくろうとしました。1891 年、ミュ
ラー博士はスイスの Wädenswil に移り、接ぎ木をした苗木 150 本が彼のも
とに送られてくると、研究所で更に研究を重ねて 1897 年には、接ぎ木をし
た No.58 のブドウが良く育っていることが判明します。これが
Müller-Thurgau の完成の瞬間です。1913 年には、ドイツへ 100 本の接ぎ
木が戻されて、検証が行われます。寒さに敏感なブドウ品種ですが、糖度

も高く上がり、香りが豊かなワインができることから、その後はスイスやドイツだけでなくハンガリーやオーストリアでも栽培されるようになりました(26)。

　現在、スイスのWädenswil（ヴァーデンスヴィル）のワイン研究所「Weinbauzentrum Wädenswil」では、ブドウ栽培や土壌の研究が続いていますが、その礎を築いたのは、ミュラー博士の功績です。

スイスワインの歩み8　〜一隅を照らすスイスのワイン〜

　19世紀の湖畔から20世紀の前半にかけてヨーロッパ各地を襲ったブドウの木の病気「ウドンコ病」「ベト病」、そして最大の被害をスイス各地にももたらした「フィロキセラ」（和名：ブドウネアブラムシ）は、スイスのワイン産業にも大きな影響を及ぼしました。

　1880年から1920年にかけて、都市での工業化が進んでいたこともあり、多くの農業従事者は、仕事を求めて移動し、スイス国内のブドウ畑は34,000haから12,000haに減少しました。現在、スイスのブドウ畑は、増加傾向にありますが、ティチーノ州では、1877年に8,000haあったブドウ畑が1980年は915haまで減少しています(27)。こういった状況の中、政府は1886年にヴォー州Nyon（ニョン）の郊外に連邦農業研究所（La Station fédérale de recherches agronomiques de Changins）を設立して、耐性のあるブドウの研究を進めました。現在でも研究所では、新たな交配品種が産みだされています(28)。

　スイス国内ではブドウ畑の減少と共に、ワインの価格も高騰しました。1891年スイス政府は国産ワイン保護のために、輸入ワインに対して課税する対策を取りました。1912年には、複数の輸入ワインを混合したワイン製造を禁止しています。

　1914年にスイスが各国に対して中立を宣言すると、第一次世界大戦が始まります。戦争は、農家の人々にとっては利益を生みましたが、一般市民

は、各国からの生活必需品が入手できなかったため、物価は大幅に高騰しました。1929 年にアメリカを襲った世界恐慌の影は、スイスやヨーロッパの周辺諸国にも押し寄せていました。1930 年代には、スイス国内の失業率も徐々に増加の兆しを見せます。

　1933 年、スイス政府は継続して国産ワイン保護のために輸入ワインに対して規制しています。1936 年にも国内市場を守るために輸入ワインに対する関税を強化しました。その後、第二次世界大戦を経て、国政が徐々に安定の兆しを見せ始めた 1953 年に、連邦政府はワイン法を制定します。この法律では特にワインの品質向上のため、区画内での栽培量の制限をしています[29]。

　戦後、労働力が徐々に戻って来ると、栽培の技術も進み、スイスのブドウ畑は活気を取り戻してきました。1992 年から継続してスイス政府が進めている農業改革では、特に 1993 年に「ブドウ栽培とワイン輸入に関する連邦令」の一部を改正して生産調整に乗り出したことで、スイスのワインの品質向上に繋がり、ワインが国際的にも評価されるきっかけとなりました。2001 年には、連邦政府がワイン輸入の自由化を進めて、スイスのワインが国際市場へと更に活躍の場を広げることができるようになりました。2018 年からの農業改革においては、連邦政府は農業景観保護のため「ワインブドウ傾斜地支払」の枠を設け、ワインブドウを栽培の傾斜地や階段状の畑に対する支払いを始めています。これからも、スイスのワイン産業が「環境保護」というキーワードを基軸にして新たにエコツーリズムと結びついて躍進することができるのではと大いに期待したいところです。

【註・参考文献】
(1)　スイス連邦『スイスを発見する』https://www.eda.admin.ch/aboutswitzerland/ja/home.html
(2)　今永勇著「丹沢山地とスイスアルプス」『自然科学のとびら』（神奈川県立生命の星・地球博物館編 2004.6.15；10（2）：pp.10-11
(3)　柴田賢著「アルプスの地質年代①地質構造と同位体年代」『地質ニュース』地質調査所編

1971.2：198：p.55

(4) 柳宗玄、遠藤紀勝著『幻のケルト人』社会思想社．1994.5, p.38

(5) 同著．pp.38-39

(6) 内藤道雄著『ワインという名のヨーロッパ』八坂書房．2010.3, p.136

(7) 古賀守著『ワインの世界史』中央公論新社．1987.12, pp.112-116

(8) 森田安一著『物語 スイスの歴史』中央公論新社．2000.7, pp.16-18

(9) John C. Sloan. The Surprising Wines of Switzerland. Bergli Books, 1996. pp.12-13

(10) Ibid., p.13

(11) Ibid., p.15

(12) 森田安一著『物語 スイスの歴史』中央公論新社．2000.7, p.56

(13) John C. Sloan.The Surprising Wines of Switzerland. Bergli Books, 1996. p.16

(14) 内藤道雄著『ワインという名のヨーロッパ』八坂書房．2010.3, p.189

(15) 森田安一著『物語 スイスの歴史』中央公論新社．2000.7, pp.67-77, 100-104

(16) John-Daniel Clavel. Swiss Wines. Ketty & Alexandre, 1995. pp.31-32

(17) 関根秀雄、斎藤広重著『モンテーニュ旅日記』白水社．1992.12, pp.20-25

(18) ヴィンフリート・レシュブルク著『旅行の進化論』青弓社．1999.7, p.114

(19) 森田安一著『物語 スイスの歴史』中央公論新社．2000.7, p.56

(20) John C. Sloan. The Surprising Wines of Switzerland, Bergli Books, 1996. p.21

(21) Olivier Grivat. Le Vignerons Suisses du Tsar. Ketty and Alexandre, 1993.

(22) John-Daniel Clavel. Swiss Wines. Ketty & Alexandre, 1995. pp.37-38

(23) 森田安一著『物語 スイスの歴史』中央公論新社．2000.7, pp.201-204

(24) 山本博著『ワインの世界史』日本経済新聞出版社．2018.3, pp.229-232

(25) Testuz 社 公式サイト http://www.testuz.ch/notre-histoire

(26) John C. Sloan. The Surprising Wines of Switzerland. Bergli Books,1996. pp.21-22

(27) Association OIV 2019. Switzerland, a vineyard between lakes and mountains, 42nd World Congress of Vine& Wine23. 11.2018. pp.1-4

(28) L'histoire du site de Changins. https://www.agroscope.admin.ch/agroscope/fr/home/a-propos/historique/changins.html

(29) Daillens Françoise. "La vigne et le vin en Suisse" Revue Géographique de l'Est, tome 2, n° 4. Octobre-décembre 1962. pp.345-374

☕**ひとこと** —ピエール・ジアナダ財団：Foundation Pierre Gianadda—

1973 年、技術者であり芸術家、蒐集家でもあった Léonard Gianadda 氏が、Martigny に 16 階建てのタワービルと 72 棟のマンションを約 7,000m² の敷地に建設しようと計画しました。ところが、ヴァレー州教育局は、この周辺では、ローマ時代の円形劇場や様々な遺跡が多く発見されていたた

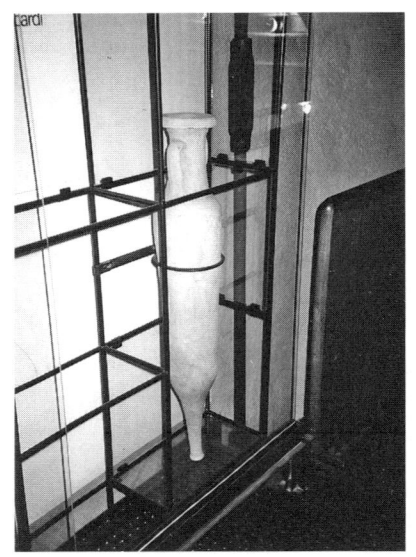

ローマ人たちがワイン保存用に使用していたアンフォラ

め、建設工事承認の前に遺跡の発掘調査を行うようにレオナールに求めます。

1976年6月、ガロ・ロマン時代の寺院の跡が発掘されます。ところが、1976年の7月31日に衝撃的な事件が起きました。レオナールの弟がイタリアで飛行機事故に遭って亡くなってしまいます。レオナールは、このことを受けて、タワービルの建設よりも財団の設立を決断します。半年後に市役所との調印を済ませたレオナールは、建設費用のほとんどを自分の費用で賄い、建設に着手します。1978年11月19日、亡き弟のピエールの40歳の誕生日にピエール・ジアナダ財団は発足されます。レオナールは建物内に、ガロ・ロマン時代の展示を中心とした考古学博物館と特別展やコンサートが開催できる2つのギャラリーを設けました。また、財団の建物の庭園には杏の木なども植えられていて、たくさんの彫刻が展示されています。約50点のクラシック・カーのコレクションがそろった自動車博物館も併設されています。

定期的に開催される特別展では、セザンヌ、ゴッホ、ロートレック、ピカソなどの財団のコレクションの数々が披露されていますので、一度訪ねてみてはいかがでしょうか。（最寄り駅：Martigny）
ピエール・ジアナダ財団　www.gianadda.ch/

第2章　スイスワインの魅力

ブドウ畑での放水（ヴァレー州）

各州のスイスワイン

　スイス各地では、それぞれの風土と気候を活かしたワインが造られています。アルプスの山々を縫って流れる河川や豊かな水源を湛えた湖が、アルプス特有の気候を生みだし、隆起や浸食を繰り返してきた土壌で、スイスならではのブドウを育んでいます。

　摘み取ったブドウを湛え、発酵という過程を経て産みだされたワインは、食卓で人と人を繋ぎ、悠久の時を刻んできました。

　ここでは、スイス各州のワイン産地について触れ、それぞれの気候風土と共にどんなスイスワインが造られているのかを紹介します。

　知りたい情報については、各地の観光局などに問い合わせてみてください。

ヴァレー州

　スイス最大の収穫量を誇るワイン産地のヴァレー州は、Martigny から州都 Sion を経由して Visperterminen まで、全長約 100km、ローヌ川に沿って両側の山の斜面を切り開くように、標高 650m 〜 800m にブドウ畑が広がっています。また、Visperterminen のように標高 1,150m でもブドウが栽培されています。年間の日照時間は 2,100 時間と長く、降水量は 600mm で、やや乾燥した気候ですが、偏西風が吹き、白亜紀の土壌の条件も加わり、ブドウの味わいに更に豊かなニュアンスを与えてくれています。

　赤は、Cornalin、Humagne Rouge、白は、Petite Arvine、Amigne、Humagne Blanc など古くから伝わるブドウ品種をはじめ、主に約 70 種類ものブドウから造られています。

　代表的な辛口の白、Fendant（ヴァレー州での Chasselas の名称）や甘口でコクのある白、Johannisberg（ヴァレー州での Sylvaner の名称）、重厚な赤の Pinot Noir、Syrah なども造られています。

　Pinot Noir と Gamay の使用が 85%以上使用されている赤の Dôle や収穫を遅らせた糖度の高いブドウから造るデザートワインの Flétrie などヴァレー州の気候風土を活かした特徴あるワインが産出されています。言語はフランス語とドイツ語が使われています。

Valais/Wallis Promotion　https://www.valais.ch/en/home

Rue Pré-Fleuri 6 Case postale 1469 CH-1951 Sion

Tel：＋41 27 327 35 90　　Fax ＋41 27 327 35 71　　e-mail:info@valais.ch

ヴォー州

　ブドウ畑はレマン湖一帯とその周辺、ヌーシャテル湖北部、ヌーシャテル湖と湖北の小さな湖、モラ湖の間にも広がっています。学術都市や由緒あるホテル学校があることでも有名な Lausanne から国際的なジャズフェスティバル開催で有名な Montreux までのラヴォー地区では、Villette、Cully、Lutry、Riex、Rivaz、Chexbres、St-Saphorin などの歴史ある各村の伝統的なワイン造りが評価されて、2007 年にユネスコの文化遺産に登録されています。

　レマン湖畔沿いのブドウ畑の標高は、350m から、高いところでは 700m もあり、急傾斜のブドウ畑が湖に向かって広がっていきます。年間の日照時間は、1,800 時間、降水量は 1,100mm あり、比較的安定した気候条件にあります。更に、ここには、天空から降り注ぐ太陽そのものと湖からの反射光、畑を覆う石垣に蓄積された太陽光と 3 つの太陽があると言われるほど、豊かな光を受けてブドウが育ちます。白のブドウ品種の Chasselas はスイスで最も多く生産されていますが、このヴォー州では白ワイン生産の 90%がシャスラで構成されています。Chardonnay、Pinot Gris に次いで、最近では、Chasselas と Chardonnay の交配品種の Doral が多く生産されるようになりました。赤では Pinot Noir が生産量の 40%、Gamay が 33%となっています。これらの品種に加えて、近年は、スイスで産まれた

Gamaret、Garanoir などの新しいブドウ品種も人気があります[1]

　例えば、シャスラひとつをとってみても、多彩な土壌の条件が、異なった味わいを産み出すので、各地のカーヴを巡ると、様々なシャスラに出会うことができます。言語はフランス語が使われています。

Montreux-Vevey Tourisme　https://www.montreuxriviera.com/fr/

Rue du Théâtre 5 · CP 251 · 1820 Montreux 2 ·

Tel：＋41 848 86 84 84　Fax ＋41 21 962 84 86　e-mail:info@montreuxriviera.com

ジュネーヴ州

　スイスのフランス語圏であるこの州は、レマン湖からフランス方面に向かって流れるローヌ川とアルヴ川をまたがるように標高 370m から 510m の産地がジュラ山脈に守られるようにのどかな田園地帯に広がっています。年間の降水量は、1,000mm で日照時間は 1,800 時間と比較的安定した気候条件の中でブドウが育っています。その品種は、ジュネーヴ州では Perlan の愛称で親しまれている白の Chasselas、赤の Gamay が中心で、その他に、香り高い白の Aligote や Pinot Gris、力強い赤の Pinot Noir や Gamaret などが、訪れる観光客に人気があります。

Geneva Tourism Office　https://www.geneve.com/

Rue du Mont-Blanc18-P.O.Box 1620-CH-1211-Geneva 1

Tel：＋41（0）22 909 70 00 *e-mail の連絡はホームページ上の「CONTACT US」で連絡可

三湖地方（ヌーシャテル州ヌーシャテル湖・ベルン州ビール湖・フリブール州モラ湖）

　言語はフランス語とドイツ語が使われています。産地は、ヌーシャテル湖の北岸からビール湖とモラ湖周辺までブドウ畑が広がっています。標高

は 430m から 600m で、 年間降水量は
970mm で日照時間は 1,600 時間と日照時
間が他の地域と比べてやや少ない環境に
ありますが、 ブドウ畑は湖から受ける太
陽の反射光の影響とジュラ紀の粘土質土
壌により、 爽やかでキレのある
Chasselas が産出されています。1 月の第
三水曜日には、 新酒を祝うお祭りがあ
り、 そこでは、 無濾過の Chasselas を味
わうことができます。
　Pinot Noir から造られる美しい色調の
ロゼワイン、Oeil de Perdrix は、 この三
湖地方のヌーシャテル州が発祥の地です。

ビール湖から見上げる Ligertz の町
とブドウ畑

中国料理から日本料理まで様々な料理との相性が良いと日本の市場でも人
気があります。
　各ワイン産地は、 船で巡ることもできます。モラ湖の北にある Vully や
ヌーシャテル湖右岸の Cheyres では、 砂と粘土の混じった石灰土壌からは、
個性豊かな Pinot Noir が造られています。
　また、 ビール湖周辺の産地 Schafis、 Ligerz、 Twann、 Erlach、
Tschugg など軽快な Chasselas や余韻のある味わいの Pinot Noir が特徴で
す。
Tourisme neuchâtelois　https://www.j3l.ch/en/Z10488/neuchatel-tourism

Hôtel des Postes 2000 Neuchâtel

Tel：＋41 32 889 68 90　　e-mail:info@ne.ch

ジュラ州
　ブドウ栽培面積が 17ha とスイスのフランス語圏で最も小さなワイン産地

です。首都の Delémont の北西にある Porrentruy 周辺に標高 390m から 430m のブドウ畑が広がっています。19 世紀の後半にブドウはフィロキセラなどの被害に見舞われたため壊滅的な状況に陥りましたが、1980 年代に入ってから、州の産業として保護されるようになり、徐々に生産が復活してきました。

　ジュラ山脈に近いこの付近の土壌は石灰岩質の泥炭土で、白はふくよかな香りを持つ Müller-Thurgau や Pinot Gris、赤はタンニンの柔らかな Pinot Noir、薔薇の香りを秘めた Cabernet Jura（Cabernet Sauvignon との交配品種で親品種は解明されていない）が少量ですが造られています。

Jura Tourisme https://www.j3l.ch/en/Z10489/jura-tourism

Rue de la Gruère 6　2350 Saignelégier

Tel：＋41 32 432 41 60　e-mail: info@juratourisme.ch juratourisme.ch

スイスのドイツ語圏

　ブドウ畑は、ドイツとの国境付近のバーゼル州からアールガウ州の西地区、シャフハウゼン州からチューリヒ州を経てトゥルガウ州にまで広がる中央地区、ザンクト・ガレン州からグラウビュンデン州に広がる東地区に亘って広がっています。標高は 320m から 600m。年間の日照時間は 1,600 時間、降水量は 1,400mm あります。スイスの北限にあるブドウ畑は厳しい気候環境の中にありますが、ライン川をはじめ複数の河川と湖という豊かな水源があり、アルプス特有のフェーン現象という環境の下でブドウが育っています。西部は石灰質土壌、中央部は石灰岩質の砂岩、東部は氷堆石と片岩と変化にとんだ土壌の中で、それぞれの個性豊かな Blauburgunder（ドイツ語圏での Pinot Noir の名称）が造られています。同じ品種から造られるロゼの Federweiss は主に東地区で造られています。瓶内二次発酵で造られたスパークリングの Schaumwein や甘口の Strohwein も少量ですが造られています。

<ruby>Bern<rt>ベルン</rt></ruby> Tourist Information　https://www.bern.com/en/home

Bahnhofplatz 10a　CH-3011 Bern

Tel：＋41 31 328 12 12　e-mail:info@bern.com

<ruby>Zürich<rt>チューリヒ</rt></ruby> Tourist Information　https://www.zuerich.com/en/visit/tourist-information

Tel: ＋41 44 215 40 00　e-mail:info@zuerich.com

<ruby>Schaffhauserland<rt>シャウハウゼン</rt></ruby> Tourismus　https://schaffhauserland.ch/de/

Herrenacker 15　8200 Schaffhausen

Tel: ＋41（0）52 632 40 20　Fax: ＋41（0）52 632 40 30　e-mail:info@schaffhauserland.ch

<ruby>St.Gallen-Bodensee<rt>ザンクト・ガレン－ボーデン湖</rt></ruby> Tourismus　https://st.gallen-bodensee.ch/de/

Bankgasse 9 9001 St. Gallen

Tel: ＋41 71 227 37 37　Fax: ＋41 71 227 37 67

<ruby>Graubünden<rt>グラウビュンデン</rt></ruby> Ferien https://www.graubuenden.ch/en

Alexanderstrasse 24　7001 Chur

Tel:＋41（0）81 254 24 24 e-mail:contact@graubuenden.ch

ティチーノ州

　イタリアと国境を接しているティチーノ州はスイスのイタリア語圏の産地です。

　チェネリ山の南北にそれぞれ広がるブドウ産地は、南はマジョーレ湖の周辺の <ruby>Locarno<rt>ロカルノ</rt></ruby> や古城のある <ruby>Bellinzona<rt>ベリンツィオーナ</rt></ruby> まで広がり、北はルガーノ湖を中心に国境の町 <ruby>Chiasso<rt>キアッソ</rt></ruby> まで続いています。

主なブドウ品種

〔白ぶどう〕

品種	栽培面積 ha
Chasselas　シャスラ (Gutedel)	3,672
Müller－Thuragau　ミュラー・トゥルガウ	456
Chardonnay　シャルドネ	386
Sylvaner　シルヴァナー (Johannisberg/Rhin)	285
Pinot Gris　ピノ・グリ (Malvoisie/Grauer Burgunder/Ruländer)	237
Petite Arvine　プティット・アルヴィン	218
Savagnin Blanc　サヴァニャン・ブラン (Heida/Païen)	197
Sauvignon Blanc　ソーヴィニョン・ブラン	193
Pinot Blanc　ピノ・ブラン	114
Viognier　ヴィオニエ	51
Gewürztraminer　ゲヴュルツトラミネール	49
Marsanne Blanche　マルサンヌ・ブランシュ (Ermitage)	45
Amigne　アミーニュ	42
Muscat Blanc　ミュスカ・ブラン	40
Doral　ドラル Chasselas × Chardonnay	36
Humagne Blanc　ユマーニュ・ブラン	29
Johanniter　ヨハニター Riesling × Freiburg 589-54	29
Solaris　ソラリス Merzling × Geisenheim 6493	26
Räuschling　ロイシュリング	26
Kerner　ケルナー	25

〔黒ぶどう〕

品種	栽培面積 ha
Pinot Noir　ピノ・ノワール (Blauburgunder)	3,986
Gamay　ガメイ	1,224
Merlot　メルロ	1,177
Gamaret　ガマレ Gamay×Reichensteiner B13	434
Garanoir　ガラノワール Gamay×Reichensteiner B28	228
Syrah　シラー	203
Cornalin　コルナラン	151
Humagne Rouge　ユマーニュ・ルージュ	143
Diolinoir　ディオリノワール Rouge de Diolly ×Pinot Noir	130
Cabernet Franc　カベルネ・フラン	75
Cabernet Sauvignon　カブルネ・ソーヴィニョン	67
Galotta　ガロッタ Ancellotta×Gamay	51
Divico　ディヴィコ	42
Regent　レジェント	34
Cabernet Jura　カベルネ・ジュラ	33
Cabernet Dorsa　カベルネ・ドルサ Dornfelder×Cabernet Sauvignon	29
Dunkelfelder　デュンケルフェルダー	26
Ancellota　アンセロッタ	25
Malbec　マルベック	21
Dornfelder　ドルンフェルダー Helfensteiner × Heroldrebe	21

典拠：Bundesamt für Landwirtschaft (BLW)『Das　Weinjahr2018』

　年間日照時間 2,100 時間、年間降水量 1,800mm で温暖な地中海性気候で、土壌は北部は中央アルプスの影響を受けて花崗岩質、南部は石灰粘土質となっていて最も多く植えられている Merlot（メルロ）から赤・白・ロゼの骨格のしっかりとしたワインが造られています。

TicinoTourist information（ティチーノ観光局） https://www.ticino.ch/

Via C. Ghiringhelli 7　　C.P. 1441　　6501 Bellinzona

＊＊e-mail の連絡はホームページ上の「Contact us」で連絡可

【註・参考文献】

(1)　ガマレ（Gamaret）、ガラノワール（Garanoir）は、1970 年にスイスの Pully（ピュリー）にある連邦農業研究所（Agroscope Research Centre）で、開発された。両者ともガメイ（Gamay）に異なったタイプのライヘンシュタイナー（Reichensteiner）をかけ合わせた交配品種で灰色カビ病に強い。前者はライヘンシュタイナー（Reichensteiner）B13、後者はライヘンシュタイナー（Reichensteiner）B28 をかけ合わせている。同品種に少しずつ異なったブドウ品種をかけ合わせることにより、前者は、色素が濃く、バランスの取れた酸味のあるブドウとなり、後者は芳香性に優れたブドウとされている。

☕ **ひとこと**　—伝説のスイススパークリングワイン—

　スイスでは、スティルワイン（非発泡性のワイン）以外にも美味しいスパークリングワインが沢山造られています。ヌーシャテル州 Motier（モチエ）にある Mauler（マウラー）社は、スイスを代表するスパークリングワインメーカーで、エリザベス女王がスイスを訪問した際に公式行事で提供されたことでも話題になりました。

　マウラー社の歴史は約 200 年ですが、カーヴのある建物の基礎は、6 世紀にまで遡ることができます。

　8 世紀には、この場所に存在したノートルダムとサン・ピエールの 2 つの教会が教区の教会として中心的な役割を果たすようになります。11 世紀には、ベネディクト会の修道士たちによって更に発展します。残念ながら、ここで千年以上の歴史を刻み続けた教会の歴史は、1536 年に修道士たちが

©Mauler SA.

宗教改革派の人々によって追われることにより閉じられますが、ワインが熟成管理されている収蔵庫には、その痕跡が数多く残されています。現在では、年間50万本のスパークリングワインが

ここで造られています。

第3章　スイスワインを紐解く

Nyon 郊外の連邦農業研究所（La Station fédérale de recherches agronomiques de Changins）

スイスのワイン法

連邦政府の憲法には、"消費者は、食品およびその他商品に関して、詐欺または健康へのリスクから保護されなければならない"ということが規定されています[1]。

政府は、安心で安全な食品を国民が摂取できることができる環境を整備し、その権利を得られることを基軸として、法の整備を行い、ワインを含めて、すべての食品について管理を行っています。

スイスのワインは、ブドウの収穫とワインの輸出入について連邦農業庁と州政府が管理していますが、基本となる法律は「連邦農業法」と「ブドウ栽培とワインの輸入に関する連邦令」です。

まず、「連邦農業法[2]」では、生産者と販売者の要件やブドウ栽培に関わる州政府の管理について、「ブドウ栽培とワインの輸入に関する連邦令[3]」では、ブドウの植樹や収穫量、ブドウ果汁の糖度など品質について等級別に細かい規定が記されています。A.O.C.（Vins d'Appellation d'Origine Contrôlée）ワインについてもこの法律の中で規定されています。

また、各州には州名（Appellation cantonale）、地域名（Appellation régionale）、ローカル名（Appellation locale）を名乗ることのできるA.O.C. ワインが全部で 62 あります[4]。

更に、スイス製品の輸出など対外的対応が迫られる中で、「食品法[5]」があります。連邦政府は、EU 国内でのワイン販売においてスイスの国内法が貿易の障害にならないように法の整備を急ぐ必要がありました。スイスは、EU 食品衛生法を国内法へ適応させることを決定しました。

このことを受けて、3 つの法律は、何度も改正されて、スイスワインは、厳しい品質管理の下に国際市場へと進出しています。

更にスイス連邦保健衛生総局（Bundesamt für Gesandheit BAG）は、州政府と協力して、化学者や食品衛生官の管理の下でワインを含めて多く

の食品を監視しています。

　「食品法」では、食物の栽培等、生産、保存、調理、表示、広告および消費者への販売に関しても規定が定められています。このように憲法を基軸として、それぞれの法律が相互的に機能することで、より高い品質の生産を目指しています。

　これらの法律が、どのように機能しているのか、ある赤ワインの販売について過去の裁判の例をご紹介しましょう。

　1994 年にヴァレー州 Visp にあるスーパーマーケットで販売された赤ワインについて、ヴァレー州管轄の食品検査所が検査したところ、このワインは、ヴァレー州ワインの州原産地の指定に関する法律に違反しているとの判断が下りました。ワインは、1993 年のヴィンテージの「Goron」と呼ばれる Pinot Noir と Gamay を使用した赤ワインで、ヌーシャテル州のワイン業者が、ヴォー州ボンヴィラ―地区のブドウを使用して、ヌーシャテル州で瓶詰したワインでした。そして、ワンラベルには「Vin de Romandie」という表示がありました。

　州の評議会で審議が行われた後、州政府は、残りのワインをすべて市場から撤収するように指示したのでした。ところが、このワインの販売に関わっていた二社は、訴状をヴァレー州裁判所に提出したのでした。

　二社の主張は州政府の判断とは異なり、「Goron」は、長い間ヴァレー州のワインとして関連付けられてきましたが、州政府の原産地指定の法規定と連邦政府の法規定の間に矛盾があるため、「Goron」をヴァレー州のワインの名称とすることに異議があること、ワインの品質は A.O.C. に匹敵するブドウ栽培の要件を満たしていると申し立てました。

　裁判所は、ブドウ栽培に関する州法の規定が連邦法を執行するための独立した権利であるかについて、この裁判で述べるのは一般的ではないと前置きした上で、連邦政府が規定する A.O.C. によって「Goron」は、ヴァレー州のワインと規定されていること。「食品法」により、食品の生産、組

成、性質、生産の種類、由来などについて、消費者に誤解を与える可能性のある記述および提示を行ってはならないことを理由として、このワインの販売は認められることはありませんでした。

裁判所の決定をさらに検証すると、ワインの瓶詰に関して、他の州で行うのは問題ないのですが、ブドウの生産地がヴァレー州ではなく、ヴォー州であること。特に問題となったのはワインラベルでした。「Vin de Romandie」とは、スイスのフランス語圏の名称です。「食品法」では、この表記が消費者に混乱を招くとされました。

2019 年 3 月から、連邦政府は、州政府との連携を更に強化して、ワインに関して品質管理に取り組むことを発表しました[6]。

現在、連邦政府は 2022 年を目途に、海外市場でのスイスワインの新たな展開に向けて A. O. C. 表示の見直しを更に進めています。

生産量に見る近年の状況　〜 2009 年から 2018 年にかけて〜

2018 年のスイスのブドウの栽培面積は、14,712ha で、昨年よりも畑は 0.2%減少しています。白ブドウ品種の生産は全体の 43%、赤ブドウ品種の生産は全体の 57%です。

約 1,111,000hl の収穫量の内訳は、白ワインが約 540,000hl で昨年より 34.5%増え、赤ワイン（ロゼを含む）が約 571,000hl で、昨年より 46.5%増えて、2011 年と同様の豊作の年が訪れました。

ここ数年、温暖化の影響もあり、収穫にどのような影響が出るのかが生産者にとって懸念されましたが、2018 年は、4 月から 8 月にかけての降水量も少なく、乾燥した気候条件の下でブドウが育つことができたため、害虫などによる被害もなく、糖度も高まり、スイス全土で収穫は平均 2 週間も繰り上げられて行われました。このように安定した状況の中でブドウの生育が進行すると良いのですが、過去を振り返ると収穫期を前に襲った多

数の被害があります。

　過去、2009 年から 2010 年の収穫量は全土で減少していますが、最も興味深いのは、2009 年から調整が行われていたフランスとの国境付近のフリーゾーン（La zone frontalière）のブドウ畑が、2010 年に、ジュネーヴ州のブドウ畑として認められたため、2010 年から約 135ha がジュネーヴ州産として生産統計に計上されています。

　2011 年は、過去の生産の減少を覆すべく、春の安定した穏やかな気候と収穫期の秋の温暖な気候条件が良いブドウを産みました。

　2012 年の夏は例年にも増して、暑く乾燥した気候でしたが、収穫前の時期に大雨が畑を襲ったために、灰色かび病が蔓延しました。そのために収穫量が約 7% 減少しました。

　その翌年の 2013 年は、更に収穫量が約 16% 減少しました。その原因は、春先から寒い日が続き、例年よりブドウの開花が遅れたのでした。そこへ 6 月に雹が降り、ジュネーヴからヌーシャテル州の三湖地方にかけてブドウ畑は大きな被害を受けました。しかし、夏と秋の日差しは降り注ぎ、収穫を迎えることができましたが、収穫期は、ブドウ品種にもよりますが、いつもより 2 週間前後して、11 月中旬まで続きました。

　2014 年は、温暖で穏やかな春がやってきましたが、夏は冷涼な気候でした。そこにじわじわと忍び寄ってきたのは、Drosophila suzukii というショウジョウバエの一種で、結実したおいしいブドウの実に、のこぎりの様な歯で果肉を破って卵を産むと、10 日位で孵化した幼虫が、果実を食べつくしてしまうのでした。この害虫は、2009 年頃から、フランス、イタリアを襲い、この年には、オーストリア、ドイツ、スイスにも顔を覗かせていました。また、赤ブドウのみを襲うので、スイスでは、この年には収穫を早めた州も多くあります。また、早期発見できれば、オーガニック農法でも使用できる薬剤の散布で対応できるため、被害は最小限に食い止められて、収穫量は昨年より約 11% 多くなりました。

スイスワインの栽培面積と収穫量 2009－2018

言語圏		スイス・ロマンド（フランス語圏）					スイス・アルモン（ドイツ語圏）	スイス・イタリエンヌ（イタリア語圏）	合計
産 地		ヴァレー州	ヴォー州	ジュネーヴ州	三湖地方（ヌーシャテル州、ベルン州ビール湖、フリブール州）	ジュラ州	チューリヒ州など全19州	ティチーノ州グラウビュンデン州（メゾルチーナ）	
2009	栽培面積 ha	5,070	3,819	1,292	928	13	2,628	1,069	14,819
	収 穫 量 hl	452,806	290,501	94,099	61,583	556	153,749	60,249	1,113,543
2010	栽培面積 ha	5,042	3,818	1,433	933	13	2,632	1,071	14,942
	収 穫 量 hl	397,370	286,827	102,968	51,985	377	136,865	54,546	1,030,938
2011	栽培面積 ha	5,001	3,814	1,440	933	14	2,634	1,084	14,920
	収 穫 量 hl	432,857	307,022	115,094	58,913	455	150,503	55,214	1,120,058
2012	栽培面積 ha	5,001	3,811	1,438	932	14	2,633	1,091	14,920
	収 穫 量 hl	377,047	284,992	103,665	50,893	151	130,466	56,651	1,003,865
2013	栽培面積 ha	4,976	3,784	1,435	937	15	2,631	1,105	14,883
	収 穫 量 hl	327,442	211,865	82,336	28,607	316	127,515	60,548	838,629
2014	栽培面積 ha	4,941	3,778	1,408	936	16	2,636	1,124	14,885
	収 穫 量 hl	346,985	246,886	95,734	48,110	306	145,065	50,563	933,649
2015	栽培面積 ha	4,907	3,771	1,411	942	15	2,620	1,127	14,793
	収 穫 量 hl	327,836	218,026	77,433	47,417	209	134,523	45,007	850,451
2016	栽培面積 ha	4,875	3,774	1,409	946	16	2,636	1,124	14,780
	収 穫 量 hl	413,707	303,779	114,276	58,749	229	126,364	59,635	1,076,739
2017	栽培面積 ha	4,842	3,775	1,414	945	18	2,634	1,121	14,749
	収 穫 量 hl	262,803	267,389	68,861	44,288	347	102,142	45,960	791,790
2018	栽培面積 ha	4,804	3,775	1,410	946	17	2,638	1,122	14,712
	収 穫 量 hl	419,894	298,415	100,837	58,849	708	177,808	55,023	1,111,534

典拠：Bundesamt für Landwirtschaft (BLW)『Das Weinjahr2009－2018』

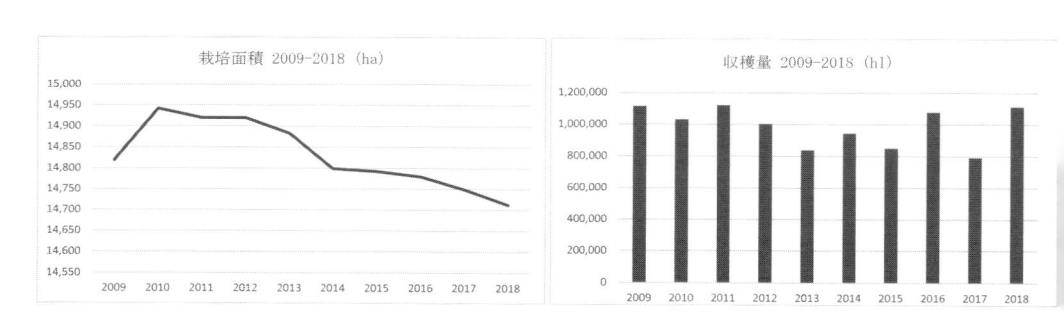

栽培面積 2009-2018 （ha）

収穫量 2009-2018 （hl）

　2015 年は、年間の降水量が少なく、夏はとても暑く乾燥した気候でした。そのため、収穫量は昨年より約 10％減少したのですが、ブドウは、暑く乾燥した気候の中で、収穫期に更に糖度を上げたので、例年にない上質なブドウが収穫されました。

　2016 年は、厳しい気候条件と害虫の被害が一部報告されましたが、収穫量が例年を大きく上回り、昨年より 27％の増加となりました。この年のス

スイスワインの A.O.C./K.U.B./D.O.C. 一覧

各州	計	州名 Cantonale/Kantonale	地域名 Rrégionale/Regionale/Regionale	ローカル名 Local/Lokae/Locale
Aargau	1	Aargau		
Appenzell Innerhoden	0			
Appenzell Ausserhoden	1	Appenzell Ausserhoden		
Bern/Berne	3	Bern/Berne	Bielersee/Lac de Bienne Thunersee	
Landschaft	1	Basel-Landschaft		
Basel-Stadt	1	Basel-Stadt		
Fribourg/Freiburg	2		Cheyres Vully	
Genève	23	Genève		Château de Collex Coteau de Bossy Coteau de la vigne blanche Coteaux de Dardagny Coteau de Genthod Grand Carraz Côtes de Russin Coteau des Baillets Coteau de Bourdigny Coteau de Choully Coteau de Peissy Coteaux de Peney Château de Choully Côtes de Landecy Coteau de Lully Rougemont La Feuillée Coteau de Chevrens Coteau de Choulex Château du Crest Mandement de Jussy Domaine de l'Abbaye
Glarus	1	Glarus		
Graubünden/Grigioni	1	Graubünden/Grigioni		
Jura	1	Jura		
Luzern	1	Luzern		
Neuchâtel	1	Neuchâtel		
Nidwalden	1	Nidwalden		
Obwalden	1	Obwalden		
St.Gallen	1	St.Gallen		
Schaffhausen	1	Schaffhausen		
Solothurn	1	Solothurn		
Schwyz	2	Schwyz	Zürichsee	
Thurgau	1	Thurgau		
Ticino	4	Ticino Rosso del Ticcino Bianco del Ticino Rosato del Ticino		
Uri	1	Uri		
Vaud	10	Vaud	Chablais Lavaux La Côte Côtes-de-l'Orbe Bonvillars Vully Dézaley Dézaley-Marsens Calamin	
Valais/Wallis	1	Valais/Wallis		
Zug	1	Zug		
Zürich	2	Zürich	Zürichsee	
合計	* 62			

典拠：Répertoire Suisse des appellations d'origine contrôlée(AOC/KUB/DOC) Situation au 1er décembre 2017
Département fédéral de l'économie,de la formation et de la recherche DEFR
Office fédéral de l'agriculture OFAG,Secteur Produits végétaux

＊VaudとFribourgの「Vully」、ZürichとSchwyzの「Zürichsee」は、それぞれが2つの州にまたがっているため、各1として計算する

イスは、3月までに雪がほとんど降りませんでした。しかし、4月末には、畑が凍り付くような寒さに襲われました。その後は降水量が例年より多くなり、かびが寄生するベト病が蔓延することが懸念されましたが、この被害も何とか回避できました。7月からは比較的安定した気候が訪れました。再び Drosophila suzukii が畑を襲う兆しが見られましたが、夏の暑さと乾燥によってブドウ畑は健全な状況を取り戻します。収穫期には、例年にない糖度の高いブドウが各地で収穫されました。

2017年の収穫は、例年にない悪天候のために、収穫量が前年より約26%減少しました。なんと、4月と8月の2回、雹がブドウ畑を襲ったのです。その年のブドウ畑の朗報は、ひとつだけですが、収穫期の乾燥した空気がブドウの糖度を更に高くしてくれたことがあります。

ここ数年、温暖化による気候変動がもたらした環境の中で、Pinot Noir などのブドウ品種が減少して、Merlot などのブドウ品種が増えてきています。

温暖化により、糖度が上昇するとブドウの個性が発揮される白ブドウ品種の Sylvaner、PetiteArvine、Savagnin Blanc などが、ヴァレー州を中心に少量ですが増加傾向にあります。

近年では、フィロキセラをはじめ他の病害に強いブドウ品種の開発がスイスでも進んでいて、新しいブドウ品種が各州で植樹されるようになってきました。

スイスのワインは、これからも予想をはるかに超える厳しい気候条件の中で、自然環境にも配慮しながら、新たな展開を図らなければなりません。わたしたちも、毎日の生活の中で自然と対話しながら周囲の環境に配慮することについて考えてみることができたらと思います。それが、グラス一杯のスイスワインから始まることがあるかもしれません。

【註・参考文献】
⑴ 内閣府食品安全委員会平成15年度食品安全確保総合調査「EU、EU加盟3カ国（イタリア、

デンマーク、ポルトガル）及びスイスの食品の安全に係る緊急時対応等に関する調査報告書」
平成 16 年 3 月大和総研 p.66

(2) Bundesgesetz über die Landwirtschaft:Landwirtschaftsgesetz, LwG. vom 29. April 1998, Stand am 1. Januar 2019.

(3) Verordnung über den Rebbau und die Einfuhr von Wein（Weinverordnung. vom 14. November 2007, Stand am 1. Januar 2019.

(4) A.O.C. は、ドイツ語圏では K. U. B.（Kontrollierten Ursprungsbezeichnungen）イタリア語圏では、D. O. C.（Denominazioni d i Origine Controllata）と表記されている場合もある。
＊別表「スイスワインの A.O.C./K.U.B./D.O.C. 一覧」p.37 参照のこと

(5) Bundesgesetz über Lebensmittel und Gebrauchsgegenstände. Lebensmittelgesetz LMG. vom 20.Juni 2014, Stand am 1. Mai 2017.

(6) Bundesamt für Landwirtschaft BLW. Fachbereich Pflanzliche Produkte Bundesamt. Weinkontrolle in der Schweiz: Übersicht und Kontaktstellen, Stand: 5. März 2019.

☕ ひとこと　—スイスの品質表示ラベル—

　スイス各地では、ワインの品質を向上させるために、専門家で組織を構成して、テースティングしたワインが要件を満たしていればワインボトルに各団体の品質保証ラベルを添付するという動きが原産地統制呼称（A.O.C.）導入前から進められています。そのひとつをご紹介します。

Lauriers d'Or Terravin

　1962 年 1 月 15 日に Yvorne のロバート・イゾー氏によりワインの産地と品質の管理の基準を定める規則が整備されて 1963 年から Terravin の活動が始動します。当初は Yvorne のワインのための物でしたが、後にヴォー州全体のワイン品質向上のためのラベルとして生まれ変わります。ワインは Chasselas、特産品の白ワイン、ロゼ、赤ワインのそれぞれの部門で審査が行われます。

　審査のためのテクニカルシートには、ワインの外観、香り、味わいについての 20 〜 25 項目の審査基準が設けられています。その審査基準を満たしたワインにのみ Lauriers d'Or Terravin のワインラベルをワインボトルに貼ることが許されます。また毎年、Lauriers d'Or Terravin の中から、栄

<ruby>ロ<rt></rt></ruby><ruby>リ<rt></rt></ruby><ruby>エ<rt></rt></ruby>・<ruby>ド<rt></rt></ruby><ruby>ール<rt></rt></ruby>・<ruby>テ<rt></rt></ruby><ruby>ラ<rt></rt></ruby><ruby>ヴァン<rt></rt></ruby>
Lauriers d'Or Terravin のマーク。ワインボトルにも同じマークが
貼られている。

誉 あ る Lauriers de Platine（ロリエ・ドゥ・プラチナ）が選ばれます。

　典拠：Office de la Marque de Qualite Terravin https://www.terravin.swiss/

第4章　スイスのツーリズムとワイン

ブドウ搬送用のヘリコプターによる急傾斜のブドウ畑での収穫

スイスのツーリズムが目指すもの

　日本語の「観光」という言葉は「国の光を観る」という中国の易経から引用して岩倉使節団の記録を綴った「米欧回覧実紀[1]」の編集に携わった久米邦武氏がその中で初めて使うようになったそうです。

　後に岩倉使節団については「桃源郷スイスと日本の交流」について詳しく紹介しますが、彼らが、日本を離れて、スイスを含めて外国の地で体験した多くの事象は、当時、最も衝撃的で、新たな時代を迎えた日本で、どのように自分たちが社会を確立していったらよいのか、そこから多くのヒントを得たようです。

　「観光」という言葉が定着した今、原点に戻ってツーリズムについて考えたとき、世界でも屈指の観光大国であるスイスに多くを学ぶことができるのではないでしょうか。

　平凡社『世界大百科事典[2]』によると、「ツーリズムの概念は観光より広く、目的地での永住や営利を目的とせずに、日常生活圏を一時的に離れる旅行のすべてと、それに関連する事象を指す。」とあります。その時ばかりは、何もかも忘れて非日常をとことん楽しむことで、自分自身の存在やこれからのことを冷静に図れるのが旅の醍醐味ではないでしょうか。

　そこには、多くの人が働き、多くのサービスを提供してくれます。かゆいところに手が届くサービスも良いのですが、人との出会いに粋を感じ、縁を結ぶこと。そして、自らの居場所をそこに見出すこと。旅はいつも無限大で、わたしたちに手を差し伸べてくれています。

　さて、日本の九州本土に近い面積を有するスイスは、国土の60%は美しい山々の景観に象徴されるアルプスが広がり、起伏の激しい土地の間を縫って、蛇行した河川が水を運び、湖が豊富な水源を蓄えていて、傾斜地や谷底にまで集落が点在しています。各地では、長い歴史の中で育まれた独自の文化が残されていて、それらは、各地域の言語圏によって支えられて

います。スイスでは、ドイツ語、フランス語、イタリア語、ロマンシュ語と四つの言語が話されていて、国土を行き交う列車の駅名は、言語圏の境になると、二つの表示がされているのをあちこちで見かけることができます。言語も文化もそれぞれが独立していて、それらがひとつの国を形成しています。多面的で万華鏡のような国スイスを訪れる世界の観光客たちの心を魅了するものとは、アルプスの雄大な自然とその産物です。今日のスイスワインの恵みをもたらしてくれたのも、このアルプスの複雑な地形によるものです。

　スイス政府観光局の統計データによると、2016 年のスイス国内の宿泊数は約 3,739 万泊で約 55%（2,040 万泊）を海外からの観光客が占めています。その内訳は、58%はヨーロッパ諸国、アジア諸国 25%、米国が 14%、オセアニア諸国が 2%、アフリカ諸国が 1%となっています。売上高にすると約 400 憶フランに相当します[3]。これは、スイス経済にとって輸出の約 5%を占めています。しかし、2000 年以降は徐々に、上昇傾向だったスイス観光にも変化の兆しが見え始めました。スイス政府観光局の日本支局長の Fabien Clerc（ファビアン・クレール）氏は、関西・日本スイス協会秋季懇親会の講演『スイス政府観光局：激動の環境における観光地のマーケティング[4]』において、「若い人たちの海外への関心が薄らいでいることや為替変動の影響が、このような事態を招いています。」と述べています。

　更に、同講演の中で Fabien Clerc（ファビアン・クレール）氏は、「近年、個人旅行が増加していることから、個人が知りたい魅力的な情報を旅行者に伝えていくダイレクトマーケティングと情報のデジタル化こそが最も重要になります。」とデジタル化したマーケティング情報と旅行情報の融合が、旅行のニーズを満たす最も有効的な手法であることを述べて講演を結んでいます。

　そこで、スイス政府観光局のホームページを開くと、「スイス・グランドツアー Grand Tour of Switzerland」の文字が飛び込んできます。ここでは、1,600km のドライブ周遊ルートとして、スイスの魅力あるスポットを

紹介していますが、列車やスイスポストバスでも巡ることができます。「4つの言語圏と5つのアルプスの峠を越え、22の湖を抜け、11の世界遺産と2カ所のユネスコエコパークを訪ねる(5)」壮大なツアーの情報は、まさにわたしたち旅行者が知りたいあらゆる情報が紹介されています。目的地へは、乗換案内や時刻表の情報にすぐにアクセスできるスイス連邦鉄道（SBB・CFF・FFS(6)）のサイトが組み込まれています。移動情報にはバスや船なども含まれていますので、小さな町や村へも足を延ばすことができます。宿泊では、ホテルだけでなく、長期滞在者のためのホリデーアパート検索、スイス航空のフライト予約や現地でのツアー予約も組み込まれています。

　スイスは、これからも民間企業のパートナーとの協力体制の中で、観光資源を個人の旅行者だけでなく、教育や会議の研修などにも多面的に広げて提供することも目指しています。

　大自然の中で、五感を働かせて新しいスイスに触れることで、あなたの人生を一新する位大きな発見があるかもしれません。もしかしたら、グラスの向こうに、新たな出会いがあるかもしれません。

　「スイス・グランドツアー Grand Tour of Switzerland」スイス政府観光局
https://www.myswitzerland.com/ja/experiences/experience-tour/car-motorcycle-grand-tour/
　「スイストラベルガイド Swiss Travel Guide」スイス政府観光局
https://www.myswitzerland.com/ja/experiences/swiss-travel-guide-app/
　＊スイスの様々な旅行情報が掲載されたアプリ。ダウンロード（無料）

ユネスコの世界遺産がブドウ畑にもたらしたもの

　2007年6月、Lausanne から Montreux まで、レマン湖畔沿いに広がるアルプスに抱かれた Lavaux 地区のブドウ畑は、ユネスコの世界遺産とし

て認定されました[7]。この地区の Villette、Cully、Lutry、Riex、Rivaz、Chexbres、St.Saphorin などの美しい景観の村では、ブドウとワイン造りの歴史と文化が 1,000 年以上にわたり繰り広げられた地域で、各村には、ワインに由来する貴重な建造物も多く残されています。ワイン造りが大きく発展を遂げたのは 11 世紀にあった修道院の僧侶たちによるものです。彼らは、湖畔の急傾斜地を耕し、テラス状のブドウ畑を築いていきます。その後、12 世紀になってシトー会派の修道士たちによって、雨や地震から畑を守るための石垣が築かれました。それらが、今日のテラス状のブドウ畑の基盤となり、ブドウの生育条件に大きく貢献しています。この地には太陽の光だけでなく湖からの反射と石垣に蓄えられた地熱の 3 つの太陽があると呼ばれるようになりました。

　ブドウ畑は、背後にあるジュラ山脈に抱かれながら、最も傾斜の急な地区では 60 度もの急傾斜でレマン湖畔に沿って広がっていきます。作業は、この急傾斜の畑を登りながら、ブドウの手入れを中心に手作業で進められます。標高 650m の高所にあるブドウ畑では、畑の間にレールを引いてトロッコを走らせている所もあります。収穫期の 9 月下旬から 10 月中旬には、収穫コンテナをヘリコプターからワイヤーで吊るして、たわわに実ったブドウを運搬する畑もあり、畑には時間内に作業を終了させようとする人々の気迫と緊張が漲っています。

　6 月にブドウの花が綻ぶ頃から 9 月の収穫期までの間になると、ブドウ畑と醸造所を巡るツアーが各地で頻繁に開催されます。ブドウ畑を歩くハイキングコースも整備されていて、地元の郷土料理やレストランでの食事も多く提供されます。各地のワイン産地には協同組合が運営するワインカーヴもあり、その土地のワインとチーズやパン、サラミソーセージなどを楽しむこともできます。

　また、美しいワイン造りの村のブドウ畑を縫って、ミニトレイン「Lavaux Express[8]」が 2 つのコースで（Lutry ― Aran ― Grandvaux ―

<ruby>Vevey<rt>ヴヴェイ</rt></ruby> — <ruby>Chexbres<rt>シェブレ</rt></ruby> を走るワイン列車（<ruby>Train des Vignes<rt>トラン・デ・ヴィンニュ</rt></ruby>）

Lutry）（Cully — Riex — Epesses — Dézaley — Cully）を走っています。

俳優の Charles Chaplin 氏が晩年を過ごしたレマン湖畔のヴヴェイの町からシェーブルの丘陵地帯に広がるブドウ畑を走る「Train des vignes[9]」は、ブドウ畑のハイキング、レンタル自転車を列車に載せて、目的地からサイクリングを楽しむことができるので観光客に人気があります。

スイスでは、農地において生物の多様性の環境保全や景観の多様性を維持することを連邦政府が農業政策の中で奨励しています[10]。これらの環境保全や景観保護は、散歩やサイクリングなどのレジャーと密接に結びついています。ラヴォー地区のブドウ畑も例外ではありません。

農業とその自然が結びついて、世界遺産が保護されて伝統が受け継がれて、観光産業が発展する新たなツーリズムの仕組みを作りだしたスイスの観光から、これからも目が離せません。

スイスツーリズムの火付け役

今日、観光客の利用によって整備された観光ルートの基礎になったスイスを巡る旅は、18 世紀に Jean-Jaques Rousseau が発表した小説『新エロ

イーズ』（La Nouvelle Héloïse）に端を発します。

　ルソーは 1712 年、Genéve でフランス人の時計職人の父のもとに生まれ
ますが、生後 10 日後に母を亡くし、父親はルソーが 10 歳の時に失跡して
しまいます。その後、放浪の旅に出て、ある男爵夫人の愛人となり、彼女
の援助を受けて、学問を学びます。やがて、ルソーは男爵夫人に別れを告
げ、家庭教師の仕事を経て、1742 年、30 歳で、パリのサロンに出入りする
ようになります。そこでは多くの知識人との交流があり、ルソーは『フラ
ンス百科全書(11)』を執筆したディドロ（Denis Diderot）やダランベール
（Jean Le Rond d'Alembert）にも大きな影響を与えたようです。

　1750 年には、彼の執筆した『学問芸術論』（Discours sur les scieces et
les arts）がアカデミーの懸賞論文として一位となり、啓蒙思想家の名声を
勝ち取った後、1761 年に書簡体小説『新エロイーズ』を発表します。題名
は実在の人物、フランスの神学者アベラール（Pierre Abélard）とエロイ
ーズの悲恋の物語に因んだもので、そこに、ルソーはスイスを舞台に自ら
のメッセージを込めて物語を綴っていったのです。

　作品が発表されると、哲学者、詩人など、多くの有識者が各国からこの
小説を片手にスイスへ押し寄せ、殊に、イギリスからは多くの貴族たちが、
物語に登場するレマン湖畔のブドウ畑や近隣の山々などルソーが描いた美
しいスイス各地を何週間もかけて旅をしました(12)。

　物語は、Montreux の西にある Clarens という小さな村にある屋敷とブ
ドウ農園が舞台になっています。貴族の娘であるジュリーは、サン・プル
ーという青年との恋にピリオドを打ち、父親の友人である貴族のヴォルル
マールと結婚して子供を儲けて母親になります。そこへ、サン・プルーが
家庭教師として招かれます。ジュリーとサン・プルーの再会。ふたりの間
に激しい恋の炎が再燃しようとしますが、ジュリーは信仰心と自制心を貫
きながら、「徳は地上でこそわたくしたちを隔てましたけれど、永遠の住み
家ではわたくしたちを結び合せてくれましょう(13)。」と、永遠の愛をサ

ン・ブルーに寄せて、この世を去っていきます。

　途中、物語は、ブドウ農園での美しい情景の中で展開され、ルソーは詩情豊かに収穫期の様子を綴っています。

　「一月前から、秋の暑気が葡萄の豊作の準備をしておりました。葉が枯れ、房がむきだしになり、バッカスの贈物をあらわに見せて、人間たちにさあもぎ取りなさいと誘っているようです。天が不幸な者にわが身の悲惨を忘れるようにと贈りとどける、この恵み深い果実でたわわな葡萄の木、樽や、大桶や大樽の、いたるところでたがを嵌める音、ここかしこの斜面に響きわたる葡萄摘みの女たちの歌声、取れた葡萄を搾り器へひっきりなしに運んでいる人たちの歩み、彼らを活気づけて仕事へ駆り立てる素朴な楽器のしわがれた音、このとき大地一面に拡がっているように見える万物の歓喜の愛すべき感動的な絵巻、そして朝、こんなに魅力的な光景を人目に見せるべく、太陽が舞台の幕を上げるように引き上げる霧のヴェール─すべてが協力して、この光景に祝祭の様相を与えます[14]。」

　極貧の生活を経て、知識人となったルソーにとって、人間は自らの欲求を満たすために自然に行動し、それが満たされることなく、問題が生じた場合は、皆で協力し合い解決に向かっていくことが、本来の社会の本質であることを、作品の中で強く語りかけます。この自然への回帰や人間としての愛をルソーは一貫して作品の中で説いていきます。

　「天が不幸な者にわが身の悲惨を忘れるようにと贈りとどける」とブドウの収穫を心の至福として表現したルソーの心の内には、どんなに困難な状況にあっても、一隅を照らす光が灯って消え去ることはなかったのでしょう。彼の強い意志で、『社会契約論』（Du contrat social ou principels du droit politique）や『エミール』（Emile, ou De léducation）を次々と発表するのですが、これまでの教育や道徳、国政を強く批判したことから、図書は発禁処分となり、フランスから逮捕状が出て、彼はスイスやヨーロッパ各地を転々とします。

　ルソーには、こんなエピソードがあります。フランスで家庭教師をしていた時に、ワインの盗み飲みが家族に見つかってしまい、気まずくなり、その家を後にしたことがあるそうです。とっておきのスイスワインがそこには置かれていたのでしょうか。いずれにしても、小説の場所の設定がブドウ農園であったり、これから紹介するスイスでの隠遁の地がワイン産地であったりと、ルソーは心からワインに敬愛の念を寄せていました。

　レマン湖の北部、ヌーシャテル湖とモラ湖に隣接するビール湖にあるザンクト・ペーター島は、ルソーが隠れ住んだ島としても有名で、今でも多くの観光客が訪れています。

　Neuchâtel（ヌーシャテル）から小さな河川を抜けてビール湖に入るまで、Saint-Blaise、Cressier（クレシエ）などのワイン産地があり、ビール湖に入ると、La Neuveville（ラ・ヌーヴヴィル）、Ligertz（ルゲルツ）、Twann（トゥワン）など多くの銘醸ワイン産地があります。ジュラ山脈を背景に小さな河川と湖に囲まれ、ひっそりとした村が点在するこの地には、自然が溢れています。ビール湖の南端の Erlach（エアラッハ）から繋がっている小さな島ザンクト・ペーター島（St. Petersinsel）はルソーにとって束の間の休息の地でもあり、スケッチに明け暮れた場所でもあったようです。

　このように各地を転々として追われるルソーでしたが、皮肉なもので、彼の書いた『新エロイーズ』によってヨーロッパの貴族層を中心に広まったスイス旅行への熱は冷めることなく、高まるばかりでした。

　ドイツの文豪ゲーテ（Johann Wolfgang von Goethe）は、スイスの大自然に魅せられて、各地を巡り「スイス紀行(15)」（Aus einer Reise in die Schweiz）に 1775 年、1779 年、1797 年と 3 回のスイス旅行の感動を書き綴っています。ゲーテは毎回、ひとり旅ではなく、貴族や文化人を伴っていました。行く先々では、風光明媚な山を見つけると、お供に地元のチーズ、バター、パン、ワインの食料を入れた籠を持たせて、景色の良い場所で食事を楽しみました。ルソー所縁の Vevey（ヴヴェイ）や Chamonix（シャモニー）なども訪れて、感動のひとときを過ごします。また、旅に疲れて記録や手紙のためのペン

を執る気になれないときは、美味しいスイスワインを 2、3 杯飲んで元気を取り戻しました。ある時は、雄大な氷河を目の前にスイスワインを 1 本飲み干し、更に歩を進めては、大自然の中で英気を養いました。そして、やっと辿り着いた宿屋では、味わった上等のスイスワインに感嘆し、記録を取り、スイスへの感動を蓄えて帰路に着きます。

ドイツの哲学者 Christoph Friedrich Nicolai もスイス旅行の虜になり、特製の旅行用重量馬車まで仕立てて、優雅な出で立ちでスイス各地を駆け巡り、1781 年に長編のドイツとスイスの旅行記をまとめ上げたのでした。

空前のスイス旅行ブームはこのようにルソーの『新エロイーズ』によって、幕を開けたのでした。そして、今まで未知なる世界とされてきたスイスの「山」が、より身近な世界として人々に語りかけ、その心に寄り添ったのです。

イギリスの歴史家で『ローマ帝国衰亡史』（The History of the Decline and Fall of the Roman Empire）の著者として有名な Edward Gibbon は、この著作を仕上げるために、1783 年から Lausanne に滞在しました。ところが、スイスが以前と違って、押し寄せる沢山の外国人観光客でごった返し、静寂などないことを嘆いています。

けれど、彼はスイスのこの地をこよなく愛し、亡くなる直前の 1793 年まで、ここに滞在していました[16]。

ルソーの作品に登場するブドウ農園を舞台に描かれた『新エロイーズ』。そして、その作品に魅せられてスイスを訪れた多くの観光客は、美しい風景、そして、その土地の美味しい食材と共にスイスのワインに触れて英気を養って家路に辿り着きました。また、スイスを安住の地として選んで生涯を終えた人もいます。スイスの旅の中で出会うひとつひとつの感動的な出会いに、大きな力が秘められていることを誰よりも深く理解していたのは、ルソーだったのでしょうか。

桃源郷スイスと日本の交流

　1871 年 12 月 31 日、明治政府は、岩倉具視を特命全権大使として、木戸
孝允、大久保利通、伊藤博文、山口尚芳が副使となり、留学生 50 名を含
む、将来の日本を担う人材を合わせて約 107 名で構成された使節団を欧米
に派遣します。彼らが、訪れたスイスで見た余りにも美しく幻想的な風景、
そして、スイスのワインに出会うまでの彼らの行程は、どんなものだった
のでしょうか。

　当時の政府が、この使節団派遣を設立した目的は、日本が幕末に諸外国
と結んでいた不平等条約改正と一日も早く、日本が欧米諸外国と肩を並べ
る近代国家となるための海外視察のためでもありました。

　1873 年 6 月 19 日、岩倉具視を特命全権大使とする使節団は、スイスの
Zürich〔チューリヒ〕に到着します。使節団は、スイス到着前には、日本政府が初めて公
式参加した「ウィーン万国博覧会」に立ち寄り、各国のパビリオン見学の
中で様々な体験をします。日本が出品した数々の工芸品や建築の技術など
を見て、日本の文化に興味を寄せてくれる海外からの来館者の様子にも大
いに刺激を受けたようです(17)。

　Zürich〔チューリヒ〕に到着した彼らは、ひとつの国の中に複数の言語圏が存在するス
イスで、「スイツルランド」「シュワイツ」とも呼ばれる複数の国名の表記
に戸惑いを隠せません。それでも、ローマ時代から始まるスイスの歴史や、
1848 年に起こったイエズス会追放の出来事など、カントン（州）が抱える
事情についても詳しく書き記しています。彼らにとって重要だったのは、
法の整備ですから、キリスト教が根底にあって、国がまとめられているこ
とに代わる日本人の信条を模索し始めます。彼らは、早々に Zürich〔チューリヒ〕を後に
して、スイス連邦大統領 Paul Cérésole〔ポール・セレソール〕氏への謁見のために Bern〔ベルン〕へと向か
います。彼らは、政治の中心が置かれている Bern〔ベルン〕を訪れ、スイスの政治
の仕組みや教育制度、中立国であるがための国民皆兵制度にも衝撃を受け

ます[18]。

　日本とスイスの国交樹立については、岩倉使節団がスイスを訪問するよりも前に、スイス時計連盟の会長で後にスイス大統領も務めた Aimé Humbert-Droz が使節団の団長として日本を訪れて、1864 年 2 月 24 日に通商条約に調印していました[19]。この時、アンベールは、調印までの 10 か月間、日本各地を巡り、日本の生活や文化に触れる旅をしました。彼は、400 点の浮世絵、写真、デッサンをスイスへ持ち帰り、1870 年に「Le Japon Illustré」（邦題「幕末日本図絵」[20]）を出版しました。このことは、世界に向けて日本が注目されるひとつのきっかけとなったようです。

　さて、時代は既に江戸幕府から明治政府へと移行していました。そこで、使節団の代表岩倉具視は、日本政府の新たな意向を伝えるために、大統領への謁見を果たさなければなりませんでした。彼らの謁見によって条約の改正について具体的な進展はありませんでしたが、スイス側の友好的な対応の中で、使節団のスイス訪問は始まります。

　6 月 22 日の朝、使節団は、列車と馬車を利用して Bern から Thun を経て、Luzern を目指します。途中、谷を抜け、小さな山村を巡り、アルプスの山々と多くの湖を目の当たりにして、欧州の人々が、スイスは「桃源郷[21]」だと話していたことを実体験します。その感動が更に高まる如く、村では彼らの到着を祝って教会の鐘が鳴り響いたそうです。

　6 月 23 日の朝、使節団は大統領の待つ Luzern に到着すると、ルツェルン湖（フィアヴァルトシュテッテ湖）で乗船して、歓迎式典に出席します。その後も、各国の公使、領事が出席する晩餐会などの日程を終えて、6 月 30 日に Genève に到着します。

　途中、彼らは、列車で Bern から Fribourg を経由して Vevey から Lausanne へと進みます。Vevey を通過した時点で車窓に飛び込んできた風景は、広大なレマン湖の姿でした。湖岸に連なる家々、湖は鏡のように澄み渡り、その風景を取り囲むようにあるアルプスの峰々には、うっすら

と霞がかかっていました。湖畔の傾斜のある土地には、すべてブドウが植えられていました。ここでは、平地ではなく傾斜のある斜面に植えられていることが、ブドウにとっては良いのだということを彼らは初めて知ります[22]。

　Lausanne に到着した後は、夕方の5時5分に港から船に乗ると、夕陽に映えるブドウ畑やアルプスの山々を観ながら Nyon を経由して、約3時間の船旅をして Genève に到着します。

　翌日、彼らは PATEK PHILIPPE の時計工房を見学しています。工房では、精密作業用のルーペをかけた時計職人たちが、作業を進めています。部品は寒暖の差によって調整が必要なこと、仲間内では、政治と宗教の話は口論の元となるのでタブーとされていること、700フラン以上の製品は、氷点下の中と120℃の高温の中にそれぞれ24時間製品を置いて、その後も正確に時を刻むならば、製品として出荷することなどを記録しています[23]。繊細な時計造りを見学した一行は、この数日後にレマン湖畔を周遊して、小さな村を訪ねて美味なるスイスワインと出会うことになります。

　7月10日の朝、天気は晴天に恵まれます。Genève に滞在していた一行は、宿泊していたホテルの前から船に乗り、レマン湖遊覧の旅に出ます。船からは、モンブラン山の雪の頂を仰ぎ見て、穏やかに帆を進めて、Nyon 付近で、競うように迫りくるアルプスの山々に迎え入れられたかと思うと、うっすらと靄がかかった夏山の緑の美しさに惹かれ、Vevey から湖上の城（ション城）を通り、小さな湖畔の村 Chexbres に辿り着きます。その時、彼らの記録は、雄大なレマン湖について、ローヌの川の源泉はスイスの中部から渓谷の水を集め、湖に注ぎ、また河川となって地中海に注ぐことを書き記しています。宴は、澄み渡った湖畔に浮かび上がった小さな美しい村 Chexbres の高台にあるホテルで催されます。「食餞豊美ニシテ、酒モ亦清冽ナリ」と記されているように、豊かな食材が並べられ、清冽な味わいの地元のワインで、スイスの人々は使節団の人々をもてなします。分け隔

てなく心を開いて、屈託なく話すスイスの人々の宴に、一行は、時を忘れ、夕方まで宴を楽しみます。やがて宴を後に、一行は高台を下り、湖岸に向かう途中、一軒のワイン醸造所に招き入れられます。そこには、醸造中のワインの大樽が 20 余り置かれていました。彼らは、帰りを急ぎ船に乗り込みます。その頃、夕陽は正に湖畔に沈もうとしていました。

　帰りの船の中で、同伴したスイス人が、先ほど見学した秘蔵ワインについて「村の長老のほとんどは、大きな都市でワインの製造が盛んなことを知らずに、ワインの運搬のための便があったとしても、そんなことには興味を示さず、一軒に 78 樽ものワイン樽があれば、十分裕福であると考えている。」と彼らに教えてくれました。更に、フランスのボルドーを例に挙げて、スイスのワイン生産が少量で量産ではないことを付け加えます。Lausanne を過ぎる頃、陽はとっぷりと暮れて、きらめく街の灯りが、湖を照らしていました。Nyon に差しかかった頃には月が出始め、Genéve に着く頃、船上で音楽が奏でられると、その音が湖一帯に響き渡り、岸辺では、色とりどりの花火があげられて、市の人々が歓声をあげながら使節団の一行を迎えてくれます。突然の演出に、さすがに使節団の人々も驚きを隠せなかったようです[24]。

　7 月 15 日、スイスでのすべての日程を終えた使節団は、Genéve を出発してフランスの Lyon から Marseille へ向かい、7 月 20 日に港から帰国の船に乗り、スエズ運河を通り 9 月 13 日に横浜に戻ります。1 年と 9 か月にも及ぶ使節団の旅はここで幕を閉じます[25]。

　帰国の翌日からの岩倉具視卿は、政府の仕事に復帰しますが、政府内部は「征韓論」に沸いていました。使節団の副使として岩倉に随行した大久保利通、木戸孝允は、内政優先と外交に重点を置くのが必要であると考えていました。1873 年 10 月に岩倉卿の後継者として内務省を設置した大久保利通は、地租改正や日朝修好条規締結など、問題の核心に触れた柔軟な対応策で解決に臨みました[26]。この使節団の派遣による賛否両論はありま

したが、欧米では、人々の信条の根底にあるキリスト教信仰が、社会の秩序を守ることと大きく繋がっていることが、日本においては、象徴である天皇と結び付けられて近代国家が形成されたことは、大きく評価されることではないでしょうか。『米欧回覧実記』の校注を手掛けられた歴史学者の田中彰氏もこの点が大きく評価されるべきだと述べ、「『米欧回覧実記』の中にみられる世界認識・世界像の検討は、それから一世紀後の激動する国際情勢下の現代日本のあり方に必要な示唆を与えてくれるといってよいであろう。」と締めくくっています[26]。

　また、使節団に同行した人物を挙げれば、1875 年 11 月に京都に同志社英学校（後の同志社大学）を開学した新島襄[27]、1990 年 7 月、東京に英学塾（後の津田塾大学）を開学した津田梅子[28]、東洋のルソーと呼ばれ、自由民権運動の理論を推進した中江兆民[29]、三井三池炭鉱の経営から三井財閥の総帥となった団琢磨[30]、赤十字社篤志看護婦会などの社会福祉活動に貢献した山川捨松[31] など、彼らは、帰国後に大きな業績を残しています。

　行く先々の外国の地で、彼らは忘れえぬ感動に浸り、実体験を重ねてきました。それぞれの旅で、五感を働かせて受け取ったものは、大きく膨らんで、新たなエネルギーとなって社会で大きく展開していったのです。間違いなく旅は、これからも皆さんに大きなエネルギーをもたらしてくれることでしょう。

【註・参考文献】
(1)『米欧回覧実記』は、岩倉具視が特命全権大使、木戸孝允と大久保利通が副使となり、留学生を含む 107 名で構成された岩倉使節団の視察記録で、太政官の記録官であった久米邦武によって編修され、1878 年に太政官掛の官庁刊行物として博聞社から出版された。旅程は 1871 年 12 月 31 日に横浜を就航して、1873 年 9 月 13 日に帰国する長期の日程で、12 か国 120 の都市や村を訪ね、政治、経済、産業、教育、文化などあらゆる分野の調査を実施した。この業績は、新たな日本の発展に貢献する人材やその知恵を生みだした。
(2)『世界大百科事典』第二版　平凡社．1998.10（デジタル版）

(3) Swiss Tourism Federation. "Swiss Tourism in Figures 2017" p.18

(4) スイス大使館一等書記官、スイス政府観光局 日本支局長のファビアン・クレール氏講演『スイス政府観光局：激動の環境における観光地のマーケティング』関西・日本スイス協会秋季懇親会（2018 年 11 月 27 日開催、於：ウェスティンホテル大阪）

(5) スイス政府観光局公式ページ「グランドツアー」内の説明に基づく。
https://www.myswitzerland.com/ja/experiences/experience-tour/car-motorcycle-grand-tour/

(6) スイス連邦鉄道のドイツ語の略称は SBB（Sweizerische Bundes Bahn）、フランス語では CFF（Chemins de Fer Fédéraux Suisses）、イタリア語では FFS（Ferrovie Federali Svizzere）で表記されている。

(7) UNESCO. "The Lavaux Vineyard Terraces" https://whc.unesco.org/en/list/1243

(8) Lavaux Express. "BIENVENUE SUR LE LAVAUX EXPRESS" https://www.lavauxexpress.ch/

(9) Montreux-Vevey Tourisme. "TRAIN DES VIGNES TRAIN RIDE VEVEY-PUIDOUX" https://www.montreuxriviera.com/en/P629/train-des-vignes-train-ride-vevey-puidoux

(10) 日本貿易振興会（JETRO）ジュネーヴ事務所『スイス農業政策の改革』2013.10, pp.18-19

(11) フランス百科全書の原題は "L'encyclopedie,ou Dictionnaire raisonné des sciences,des arts et des métiers, par une Société de Gens de Lettres" ディドロとダランベールの監修により 20 年の歳月をかけて全 17 巻に図版が 11 巻で構成された百科事典。あらゆる分野の技術革新に触れ、その項目は約 6 万にも上る。1751 年にパリで初版が発行された時、記述が絶対主義的権威への抵抗と人間としての精神の開放であるとされ、教会を中心として反対派から批判を受けるが、時流に乗って、その後は Genéve や Lausanne でも出版された。

(12) ヴィンフリート・レシュブルグ著、林龍代・林健生訳『旅行の進化論』青弓社 1999.7, p.114

(13) ジャン・ジャック・ルソー著、松本勤訳『ルソー全集 第 10 巻 新エロイーズ下』白水社. 1981.12, p.472「手紙 12 ジュリより」

(14) 同著 p.252「手紙 7 エドワード卿へ」

(15) J・W・v・ゲーテ著、木村直司編訳『ゲーテ スイス紀行』筑摩書房. 2011.6

(16) 河村英和著『観光大国スイスの誕生』平凡社 2013.7, pp.25-26

(17) 久米邦武編、田中彰校注『米欧回覧実記』（五）岩波書店. 1982.5, pp.21-52

(18) 同著 pp.53-56

(19) 中井晶夫著「日本スイス交流の誕生過程」、森田安一編『日本とスイスの交流』山川出版社. 2005.6, pp.43-54

(20) アンベールは日本滞在中に見た日本の風俗や習慣などを記録して、400 枚の浮世絵、スケッチ、写真と共にスイスへ持ち帰った。最初は、雑誌の連載で発表されたが、1870 年、E. バイヤールなどフランス画壇で有名な人たちの手によって約 450 枚の挿絵が描かれて、全 2 巻で Paris の Hachette から出版された。

(21) 久米邦武編、田中彰校注『米欧回覧実記』（五）岩波書店. 1982.5, p.58

(22) 同著 p.98

(23) 同著 pp.102-103

(24)　同著 pp.107-109
(25)　同著「岩倉使節団ヨーロッパ回覧・帰航年表」pp.388-389
(26)　同著解説、田中彰著「岩倉使節団とヨーロッパとアジア」p.380
(27)　学校法人同志社「新島襄と同志社」www.doshisha.ed.jp/history/niijima.html
(28)　津田塾大学「津田塾の歴史」https://www.tsuda.ac.jp/aboutus/history/index.html
(29)　国立国会図書館「近代日本とフランス、第 1 章　政治・法律：2.　中江兆民と自由民権運動
　　　の諸相」https://www.ndl.go.jp/france/jp/part1/s1_2.html
(30)　三井広報委員会「三井の歴史　明治期：三池炭鉱を落札し、団琢磨を招聘」
　　　https://www.mitsuipr.com/history/meiji/06/
(31)　福島県男女共生センター 男と女の未来館「山川捨松」
　　　www.f-miraikan.or.jp/info/woman/woman-3.html

第5章　スイスワインの旅　小説篇

レマン湖に浮かぶシヨン城

薔薇とスイスワイン『薔薇のレースリ Rosenresli』より

　スイスの作家 Johanna Spyri〔ヨハンナ・シュピリ〕は『アルプスの少女ハイジ』（Heidis Lehr- und Wanderjahre）をはじめ、74 歳でこの世を去るまでに 50 以上の作品を残しています。

　ヨハンナは、1827 年にチューリヒ湖の南にある Hirzel〔ヒルツェル〕で医師である父と牧師の娘で宗教詩を書いていた母の間に生まれました。少女時代、彼女は敬虔なプロテスタントの家庭で育てられます。住まいの隣には、診療所があり、様々な病状の患者が出入りしていました。

　ヨハンナは、25 歳で兄の友人のチューリヒの弁護士 Bernhard Spyri〔ベルンハルト・シュピリ〕と結婚しますが、都会での生活に馴染めなかった彼女は、市の官房長官まで務めていた多忙な夫との会話もなく、結婚当初から鬱病を発症します。1855 年に一人息子のディートヘルムが誕生し、数年かけて病気から解放されたヨハンナは、息子の教育に専念しました。しかし、その息子も 1884 年に 29 歳で亡くなり、次いで夫も他界します[1]。

　ヨハンナは、44 歳の時、牧師の勧めもあって宗教作家として活動を始めます。それから 9 年後のこと。世界の読者を今なお魅了し続けているハイジが登場する物語が誕生しました。彼女の作品には、子供たちの成長過程にとって必要な要素が多く含まれています。けれど、わたしたちがその作品に触れた時、自然に新しい世界へと引き寄せられるところが、ヨハンナが多くの読者の支持を得るところではないでしょうか。

　彼女は、1878 年から子供向けの物語を書き始めていますが、1898 年に発表された『Rosenresli』〔ローゼンレースリ〕は、1954 年には名子役 Christine Kaufmann〔クリスティン・カウフマン〕が起用されて、ドイツで映画化された名作です。

　物語は、ブリエンツ湖近くの小さな村 Wildbach〔ヴィルドバッハ〕に住む少女レースリのお話です。レースリの叔父のデートリッヒは村役場の下級吏員でしたが、1 年前に妻を亡くし、その寂しさから酒におぼれて職を失ってしまいます。

彼の畑は次々と借金のかたに取られてしまい、屋敷も抵当に入ってしまう始末。8 歳になったレースリは、そんな彼と共に暮らしていましたが、朝は学校へ行き、一日中、ほとんど彼とは顔を合わせることはありませんでした。家には、食べるものは何もなく、学校で時折、同級生たちに恵んでもらった林檎や梨、一切れのパンだけが唯一の彼女の食事でした。

　レースリのほんとうの名前はテレーゼでしたが、彼女はいつも必ず一輪の薔薇を持っていて、薔薇の咲いている庭を見つけると、彼女の美しい青い瞳は、庭に釘付けだったので、人々は彼女のことを「薔薇のレースリ」と呼ぶようになります。

　毎日、レースリは夕食が見つからなくても、幸せそうに野原を駆け巡り、美しい薔薇の咲き乱れる庭を訪れていました。人々は、レースリが、いつも光り輝き、かぐわしい香りを湛えた白や紅の薔薇の花たちに目を見張って見つめているので、彼女が庭に来ると必ず招き入れていました。

　レースリはある日、こぼれ落ちそうに咲いている薔薇の花をたくさん分けてもらいました。そして、四つ角に住んでいるおかみさんのところに持っていくと、おかみさんは、それと引き換えに大きなパンをレースリにくれました。四つ角のおかみさんは、とても良い香りのする香水をつくっていました。おかみさんは、レースリに、明日からは籠を持って行って、落ちそうなくらい花びらをつけた薔薇の花を沢山持って来てくれたら、もっと大きなパンをあげるからと伝えます。

　翌日、レースリは、四つ角のおかみさんのところへ行く前に、心配かあちゃんの家を通ります。世間で、彼女のことを心配かあちゃんと呼ぶようになったのは、彼女は、仕立屋だった主人を早くに亡くし、ひとり息子のヨーゼフと暮らしていたのですが、亡き父と同じように彼が仕立屋になることを後見人が勝手に決めたため、ヨーゼフは彼らに反抗して家を飛び出して、行方をくらましていました。心配かあちゃんは、一心に神様にヨーゼフが無事であることを祈り続けます。そんな彼女を見て、村人たちは、

お祈りなんかしても神様のご利益などあるわけがないと、彼女のことをあざ笑います。

　物語は、ここから、心配かあちゃんとレースリの心の葛藤を取り上げながら展開していきます。籠を持たないレースリは、エプロン一杯の薔薇の花を抱えて、心配かあちゃんの家に立ち寄ります。すると、心配かあちゃんは、庭に咲いていた二つの小さな薔薇を切って、レースリに託します。レースリは、それも一緒に、四つ角のおかみさんのところに持って行くと、大きなパンと小さなパンをひとつずつおかみさんからもらいました。レースリは、大きなパンを早速頬張ると、おなかが空いていたので、あっという間に食べてしまいました。残った小さなパンを持って、心配かあちゃんの家に戻ったレースリは、小さなパンを持ち帰ったものの、大きなパンを食べてしまった自分を責めます。なぜなら、心配かあちゃんは、とても貧乏で、パンも買えずにいました。彼女は、庭先のじゃがいもだけでは、体力が衰えて、糸を紡ぐことさえできないことをレースリに伝えたのでした。それを聞いたレースリは、たいそう落ち込み、大きな決心をしました。それからレースリが薔薇の花を集めるたびに、パンはだんだん大きくなり、彼女はパンを食べなくなり、もらったすべてのパンを心配かあちゃんのもとに届けたのでした。やがて、心配かあちゃんは、レースリの届けてくれたパンのおかげで、元気を取り戻し、糸を紡いで収入を得ることができるようになりました。しかし、薔薇の季節はやがて終わりを告げます。レースリは、四つ角のおかみさんから、もうパンをもらえる術がなくなるのではと心配します。けれど、四つ角のおかみさんは、来年も立派な薔薇の花を自分のところに運んでくれるのなら、冬の間もレースリにパンをくれることを約束してくれます。これをレースリから聞いた心配かあちゃんは、天使のような子を神様が自分に送ってくださったことに心から感謝します。

　物語は、ここから結末に向かって急展開します。ある日、レースリは学校へ行きましたが、穴の開いた上着を着ていたレースリを同級生たちはあ

ざ笑います。自尊心を傷つけられたレースリは、心配かあちゃんのところ
へ駆け込み、もう学校へは行かないと告げます。心配かあちゃんは、レー
スリの上着の穴を直し、こう言いました。

　「苦しい目に逢ったからといって、誰だってすぐそこから逃れられないん
だものね。やっぱりわたしたちはじっと辛抱して苦しみに堪えなければな
らない。ふだんは学べぬものを、それによって神さまが教えて下さるんだ
から。」『バラのレースリ』国松孝二編注より(2)

　レースリは、この時初めて、心配かあちゃんから、行方不明になってい
るひとり息子のヨーゼフのことを聞きます。それからというもの、レース
リは心配かあちゃんのために、ヨーゼフが無事であるようにと毎日神様に
祈りを捧げました。

　再び薔薇の季節が巡ってきた頃、いよいよ借金ですべてを失うことにな
ったレースリの叔父のデートリッヒは、ひとり逃げる決心をして、レース
リを荒くれの道路人夫の男に託します。そんなことを何ひとつ知らないレ
ースリは、いつものように薔薇の花をうれしそうに運んでいました。

　金色の夕日に照らされた道をレースリが歩いていると、ひとりの青年が
レースリに声をかけてきました。道を尋ねられたレースリは、青年と村へ
向かいました。ふたりが心配かあちゃんの家の前で立ち止まると、家の扉
が開き、心配かあちゃんが飛び出してきて、息子のヨーゼフの名を呼んで、
抱きしめます。そこでヨーゼフも涙を流して喜びます。この再会を楽しも
うとヨーゼフは、食卓に大きなお金を置いて、腸詰とぶどう酒１本と大き
なパンを買ってきて欲しいとレースリにお使いを頼みます。三人は、今ま
で一度もこの家で催されたことのない祝いの食卓を囲みます。

　この祝宴で、ヨーゼフは、家出して辿り着いたイギリスでの苦労はただ
ならぬもので、悪事を働こうと何度も考えた事。そして、その度に、おか
あさんの祈りの声が聞こえてきて思いとどまったことを打ち明けます。そ
の後は、機械工場で働き口を見つけて、努力を重ねて立派な職人になった

のでした。

　心配かあちゃんは、今までレースリが自分を助けてくれたことをヨーゼフに話します。けれど、もうすぐ、レースリの叔父のデートリッヒが自分の家を捨てて出て行くので、レースリもどこかよそへやられるのだと告げると、ヨーゼフは、レースリを引き取って、三人で暮らすことができることを母親に提案します。それからヨーゼフは、レースリの叔父のデートリッヒに掛け合って彼女を引き取って母親と共に暮らしたいと頼みます。デートリッヒは、荒くれ男にレースリを渡したくはなかったので、ヨーゼフの申し出をとても喜びました[3]。

　それからは、Wildbach（ヴィルドバッハ）のこの家には、世界で一番幸福な家族が生活を共にします。家には、祈りと美しい薔薇の花とおいしいぶどう酒と大きなパン、そして、愛が満ち溢れていました。

＊「ヨハンナ・シュピリの博物館」（Johanna Spyri Museum）は Zürich 郊外の Hirzel（ヒルツェル）、Kirche（キルシェ）にあります。所要時間はバスで Zürich（チューリヒ）から約 20 分です。

　素敵なコテージ風の建物の中には、彼女の直筆の手紙や原稿、彼女の私生活にまつわるものが展示されていて、ヨハンナの生涯を垣間見ることができます。

　https://www.spyri-museum.ch/

ホラー小説への招待

『フランケンシュタイン Frankenstein』と『吸血鬼 The Vampyre』ができるまで

　Genève（ジュネーヴ）駅前からレマン湖畔沿いにフランス方面に、バスで約 20 分のところに Cologny（コロニー）という人口約 5,500 人の小さな町があります。ここに一時期、英国の詩人 George Gordon Byron（ジョージ・ゴードン・バイロン）が住んでいた別荘ディオダディ荘（Villa Diodati[4]）があります。残念ながら今は、個人の所有のため建物内部の見学はできませんが、その美しい外観を垣間見ることはできます。

　1816年、スイスが永世中立国として認められて間もない頃、バイロンは、祖国からひとりこの町にやって来ました。彼は、父の先妻の子、オーガスタと関係を交わし、一女を儲けてしまったのでした。バイロンは、実母を亡くした寂しさもあり、慰めてくれた姉オーガスタに次第に心を寄せていきました。オーガスタは、既に人妻でしたが、二人の仲は、燃え盛る炎の如く発展して、大きなスキャンダルを引き起こしてしまいます。そんな中、バイロンは周囲の人々の非難から逃れるようにスイスへとやって来たのでした。幼くして父をなくした彼は、母に育てられましたが、10歳で大伯父の爵位を継ぎ、ケンブリッジ大学での学生生活を謳歌し、貴族議員も務めた順風満帆な生活でしたが、完全に祖国イギリスを去った後に選んだ住み処が、スイスのディオダティ荘でした[5]。

　ある日、バイロンは、恋人の Claire Clairmont（クレア・クレアモント）をディオダティ荘に招き入れます。その時、彼女と一緒にやって来たのは、クレアの姉の Mary Wollstonecraft Godwin Shelly（ウルストンクラフト・ゴドウィン・シェリー）（後の Mary Shelley（メアリ・シェリー））とメアリの恋人の Percy Bysshe Shelley（パーシー・バイシェル・シェリー）でした。クレアの母クレアモントは、メアリの父のところへ連れ子をして後妻に来たのですが、メアリとは馬が合わず、家庭生活の中で孤独だったメアリは、16歳の時、父の反対を押し切って5歳上で妻のあるパーシーと駆け落ちします。それからは、メアリはヨーロッパを転々として父とは絶縁状態になります。

　スイスに到着したとき、クレアは、既にバイロンの子を身ごもっていました。メアリとパーシーが彼女の将来についてスイスにいるバイロンに話をつけにきたのではとの一説もありますが、当時、バイロンは長編詩集『チャイルド・ハロルドの巡礼』（Childe Harold's Pilgrimage）を既に出版していて、自らの分身がヨーロッパ各地を巡る旅行記でもある作品は、多くの読者の心をさらったようです。そんなバイロンが、どんな人物なのか確かめてみたいと思う気持ちもあったのではと推測されます[6]。

　さて、ここにもうひとり重要な登場人物、バイロンの主治医 John（ジョン・

<ruby>William<rt>ウィリアム</rt></ruby> <ruby>Polidori<rt>ポリドリ</rt></ruby> が加わります。ポリドリは、海外でのバイロンの日々の生活を、精神面からもサポートしていたようです。

　一行がスイス到着の夜には祝宴が開かれ、彼らはワイングラスを傾けていました。その夜の天候は、嵐が吹き荒れて雷が響き渡り、屋敷は異様な雰囲気に包まれていました。この年の気候は、世界的にも異常気象の年でした。スイスでは、豪雨で作物も育ちにくい年でした。バイロンは、せっかくの夜だからと、来客たちに今から幽霊が登場する話をそれぞれに創作することを提案します。その様子は、過激でグロテスクな作風で知られる<ruby>Kenneth Russell<rt>ケン・ラッセル</rt></ruby> 監督の映画『ゴシック』（Gothic）に、もうひとつは、<ruby>Hugh Grant<rt>ヒュー・グラント</rt></ruby> 演じるバイロンで話題になった映画『幻の城』（Rowing with the Wind）に描かれています。

　メアリーは、このディオデダディ荘で『フランケンシュタイン』の原作を、バイロンの主治医ポリドリは、バイロンが書いた断片をヒントに『吸血鬼』の原作を創作します[7]。2つの作品は、更に内容を膨らませて、出版されると今までにない物語として話題となります。これらの作品には共通点がいくつかあります。それは、『フランケンシュタイン』も『吸血鬼』も生き返った死者が、強靱な精神力と強さを持ち合わせていて、周囲に様々な影響を及ぼすことです。

　ワインを囲んでの素晴らしさは、テーブルの上の交流から様々な活力と知恵が湧いてくることですが、後世に語り継がれる名作が、このように生まれたのならば、皆さんにも一杯のワインから世界に向けて発信する名作を生みだすチャンスがあるかもしれません。

ヘミングウェイ『スイスへの敬愛』（Homage to Switzerland）

<ruby>Ernest Hemingway<rt>アーネスト・ヘミングウェイ</rt></ruby> と聞いて、頭の中に浮かぶのは、ノーベル文学賞に輝いた『老人と海』（The old Man and the Sea）や大ベストセラーになっ

た『武器よさらば』（A Farewell to Arms）などの名作の数々です。私生活では"他人をより面白い人間にするために私は酒を飲む"と明言を残すほどお酒が好きで、ドライ・マティーニやモヒート、ダイキリなど彼が好んだカクテルの特別レシピが今に語り継がれているほどです。キューバで生活をしたことのある彼は葉巻の愛好家としても知られています。様々な文化人としての顔を持つアーネストですが、彼がスイスを何度も訪れ、ウィンタースポーツを楽しみ、多くの取材記事や小説を書いた背景に迫ってみたいと思います。

　アーネストは 1899 年、アメリカ Chicago 郊外の Oak Park で外科医の父と音楽家の母との間に生まれます。この町は、著名な建築家 Frank Lloyd Wright が 20 年に亘って事務所を構えていたほど自然が溢れる環境にあり、ここで育ったアーネストが、後にスイスの自然を愛して止まなかったのは、この幼少期の経験に繋がっているといわれています。彼は地元の高校に通っていた頃から小説を書いて学校新聞に発表していました。卒業後は『カンザス・シティー・スター誌』（The Kansas City Star）の見習い記者として働き始めますが、19 歳の時には友人と二人でアメリカ赤十字病院輸送車の運転手を志願して、イタリアの基地に配属されます。しかし、爆撃に遭い、九死に一生を得ます。その時の療養生活の経験は、後に発表された名作『武器よさらば』に描かれています[8]。

　1920 年、22 歳で再び新聞記者となったアーネストは 8 歳年上の Hadley Richardson と結婚します。彼女は、ピアニスト志望でしたが、母親の看病に時間を捧げていました。母親が亡くなると、受け継いだ遺産を基に Paris でアーネストと生活を始めます。アーネストは、1922 年 1 月に彼女と初めてスイスを訪れます。暫く滞在したのは、Montreux の高台にある Chamby の村でした。スイスの大自然をとても気に入ったアーネストは、1928 年まで毎年の冬をここスイスで過ごすようになります。彼は、ここを起点としてウィンタースポーツやローヌ川での鱒釣り、森での狩猟を楽し

んだようです。アーネストは当時契約していたカナダの『トロント誌』（The Tront Star）にスイス滞在中の体験を多くの記事にして掲載しています。そのことが基になって、アーネストは彼の小説の中で、新たなスイスを創り出していきます[9]。

　短編『スイスへの敬愛』（Homage to Switzerland）は、レマン湖畔の町、Montreux（モントルー）の駅舎にあるカフェが舞台となった三部構成で展開されます。1927 年に最愛の妻であったハドリーと離婚をすることになったアーネストはスイスを訪れていて、この作品には、その時の彼の心情が深く反映されているといわれています[10]。

　「駅舎の中のカフェは明るく暖かった。」という書き出しで始まる物語は、一部では Montreux（モントルー）、二部では Vevey（ヴヴェイ）、三部では Territet（テリテット）のそれぞれの駅舎にあるカフェを舞台に、ウエイトレスと赤帽、ある時はカフェの客というごくありふれた人物と主人公の男性旅行者とのやり取りが描かれています[11]。

　三部ともシンプロン・オリエント急行がヴァレー州の手前の駅サン・モーリスで 1 時間遅れているという状況が、主人公の男をカフェに留まらせている理由です。最も心惹かれるのは、丹念に磨かれた木製のテーブルと籠に入れられた光沢ある紙袋に詰められた塩クラッカーです。スイスの駅のカフェでワインを一杯という時には欠かせないものです。アーネストは、この塩クラッカーが大好物だったようです。

　さて、特に紹介したい一部では、主人公の男がワインを飲みながらカフェのウエイトレスを口説く場面があります。

　「シオンを一本持ってきてくれ」「はい、お客さま」（中略）「二百フランやろう」「どうか、そういうことはおっしゃらないでください」（中略）「ものすごく希望している。三百フランやろう」「あなたはいやな人です」『スイスへの敬愛』より[12]

　たじろぐウエイトレスに酔った勢いも手伝って主人公の男は彼女に迫る

のですが、フランス語から英語でのやりとりも怪しくなった彼女は動揺しながらも、きっぱりと対応し、やり取りは平行線を辿ります。

　チップに1フランより、75サンチームにしておけばもっといい気分だったろ

駅構内のカフェでは気軽に地元のワインが楽しめる

うと主人公の男は語りながらも、結局、ワイン代7フランにチップを1フランもはずみ、カフェを出ます(13)。

　小説の中でワインは様々な世界を創り出してくれます。それは、心底お酒を愛し、スイスを愛した人だけに許される特権かもしれません。もうひとつ大事なことは、人生の多くの経験です。アーネストの人生において離婚はとてもつらい選択肢だったようです。その経験がなければ、この小説は成立しなかったのではないでしょうか。人生と引き換えに良い小説が生まれることは、皮肉なことですが、あえて命を削って書くことを選んだ彼への選択が、そのことへの報酬となりました。アーネストは、その後3人の女性と結婚します。1954年には『老人と海』が高く評価されて、ノーベル文学賞という栄光を勝ち取りますが、二度の飛行機事故での後遺症が彼の健康と精神を蝕んでいったようです。1961年7月2日の早朝、ピストルで自らの命を絶ちます。その生涯は61歳でした(14)。

　生前、彼は「書物ほど誠実な友はいない。」と語っています。彼は多くのメッセージを、小説に残して旅立ってしまいましたが、いつまでも読者の心の中に生き続けています。

【註・参考文献】

(1) 桑原ヒサ子著「ヨハンナ・シュピーリ『ハイディ』：宗教的要素、保守的女子教育観、文学作品としての古典性（＜特集1＞知っているようで知らない世界のお話）」敬和学園大学人文社会科学研究所年報 3. 2005.5,pp.15-28

(2) Spyri Jahanna 著、国松孝二編注に続くバラのレースリ Rosenresli』第三書房. 1978.10、p.37

(3) 物語は、同著『バラのレースリ』（Rosenresli）を参考に要約。

(4) コロニー市公式サイト Commune de Cologny
http://www.cologny.ch/villa-diodati

(5) 1911 Encyclopædia Britannica Vol. 4/Byron, George Gordon Byron, 6th, pp.897-905
https://en.wikisource.org/wiki/1911_Encyclopædia_Britannica/Byron,_George_Gordon_Byron,_6th_Baron

(6) 廣田由美子著「メアリー・シェリー『フランケンシュタイン』」NHK100分で名著、2015.2,pp.17-20

(7) "The Vampyre by John Polidori" The British Library
https://www.bl.uk/collection-items/the-vampyre-by-john-polidori

(8) 西崎憲編訳『ヘミングウェイ短編集』筑摩書房. 2010.3, pp.268-270

(9) 浜地修著『ヘミングウェイとスイスとスペイン』金星堂. 1995.5, pp.3-4

(10) 同著、p.72

(11) 西崎憲編訳『ヘミングウェイ短編集』筑摩書房. 2010.3, pp.183-207

(12) 同著、pp.185-187

(13) 同著、pp.187-188

(14) 浜地修著『ヘミングウェイとスイスとスペイン』金星堂. 1995.5, pp.201-208

第6章　スイスワインの旅
古城篇・番外篇

トゥールビヨン城とブドウ畑（ヴァレー州 Sion）

古城を巡る 1　ヴフラン城・アラマン城・シヨン城

　スイス国内には、古代の城跡から近世の城館に至るまで約 200 の建築物が現在も残されています[1]。

　公共施設として、一般に開放されている城もありますが、個人所有の城もあり、中には非公開の城もあります。ここでは、ワインにまつわる各地の城を巡ってみたいと思います。

　レマン湖畔の小さな町 Morges（モルジュ）から約 5km のところ、列車を利用すると約 5 分のところにヴフラン城（Le château de Vufflens）があります。ブドウ畑のある小高い丘の上に凛とそびえ立つ城は、60m もある塔を中心にいくつもの塔が林立して建てられています。15 世紀にアンリ・ド・コロンビエによって建てられた城は、サヴォイ家所縁の居城です。1536 年にベルン人によって略奪された際に燃やされ、19 世紀になって、昔の名残をとどめた姿に修復されます。残念ながら、個人所有のために城の見学はできませんが、この城のワインは、店頭などで売られています。城の前にある 8ha のブドウ畑からは、Chasselas（シャスラ）をはじめ Pinot Noir（ピノ・ノワール）、Gamay（ガメイ）、Gamaret（ガマレ）などが育てられていて、そこから年間 8,700 ℓ のワインが造られています[2]。何世紀にもわたり、戦乱を乗り越えてきた城は、今、静寂の中に平和という祈りを得て、その時を確かめるかのように城の地下にあるカーヴでは、銘醸ワインが熟成されています。

　この近隣には、サヴォイ家の流れを汲むもうひとつの城、アラマン城（Le Château d'Allaman）があります。この城も個人の所有ですが、現在、城はイベントなどの会場として使用されています。城が所有する 15ha のブドウ畑は、1959 年に再建されました。今では、Chasselas（シャスラ）、Chardonnay（シャルドネ）、Gewürztraminer（ゲヴュルツトラミネル）、Pinot Noir（ピノ・ノワール）、Gamay（ガメイ）、Gamaret（ガマレ）、Garanoir（ガラノワール）などから個性的なワインが造られています[3]。

　実は、この城には謎めいたお話が残されています。1723 年、Jeanne-Marguerite de Langallerie（ジャン・マルグリット・ドゥ・ランガレリー）というフランス人将校の未亡人は、夫

の残した遺産の一部でこの城を手に入れます。彼女の夫 Philippe de Gentil de Langallerie は、オスマントルコの軍隊 10 万人を率いて Vatican との戦いを計画した罪を着せられ、1717 年にウィーンで投獄されて亡くなります。彼の妻であるマルグリットが、その後、この城でどのように過ごしていたのかは、記録が残っていませんが、1948 年に城の改装中に、彼女の遺体が作業中の石工によって発見されたそうです。彼女は、銀のシルクのドレスを着て、安らかに眠っていたそうです。彼女がこの城を手に入れてから 200 年以上経ってから、眠っていた思いが呼び起こされたように、彼女の遺体の発見によって、地元紙もこのことを大きく取り上げ、過去のニュースに大きくスポットが当てられるようになりました[4]。

　レマン湖畔を Lausanne 方面に東へ進み、世界のジャズフェスティバルが毎年開催される Montreux を過ぎると湖上に浮かぶ城、ション城（Le château de Chillon）が見えてきます。この城の起源は明らかになってはいませんが、古代からケルト系民族の人々の砦があったそうです。ローマ時代には、駐屯のための城塞が築かれていました。中世の城塞としての役割を果たすのは、11 世紀からで、ドイツ系の貴族で Fribourg や Bern の都市を築いたツェーリンゲン家が築城しました。13 世紀になって、後継者が途絶えたために、サヴォイ家のピーター 2 世が、引き継ぎ、現在のション城の原型を築きました[5]。

　1816 年の 6 月、英国の詩人、バイロンは詩人のシェリーと共に、この城を訪れました。そこで彼らが見たものは、暗闇に包まれていて、僅かな光だけが差し込む地下牢でした。ここには、1536 年までの 4 年間、サヴォイ侯によって Genève のサン・ヴィクトル修道院のボニヴァール修道院長が幽閉されていました。彼は暗闇の中で、新教徒として自由の身を求めて苦悩した日々を送りました。バイロンは、その時の彼の気持ちを代弁するかのように、湧き上がる思いを叙事詩『ションの虜囚』（Plisonnie de Chillon）に綴りました[6]。

さて、シヨン城は、2002 年から財団が設立されて、ヴォー州の文化保護のために、調査や修復のプロジェクトが進められています。今、この城の地下室には、ワイン樽が 40 個置かれて、今か今かと門出を待ちわびるように熟成されています。このワインは、財団の資金協力のためのワインとして、近隣のラヴォー地区 Montreux の畑のブドウを使用して、白はChasselas、赤は Pinot Noir と Gamey のブレンドワインが販売されています[7]。

今は全く戦うことのなくなった湖上の城を訪れる人々は、ワインを酌み交わし、レマン湖畔で安らぎの時を過ごしています。

古城を巡る 2　エーグル城・ヴァレール城・トゥールビヨン城

シヨン城を後に、更に東へと進むと、湖の終わりから、景色は急に山の岩肌が露わになってきます。ちょうど、ローヌ渓谷の入口付近に差しかかるところに、Aigle という小さな町があります。

町のはずれにある大きなブドウ畑の真ん中には、ワイン博物館として公開されているエーグル城（Le Château d'Aigle）があります。この城の始まりは、11 世紀頃ですが、13 世紀になってからサヴォイ家によって城塞が築かれます。1475 年に城はベルン軍によって破壊されますが、その後はベルン州の代官の館として利用されていました。18 世紀になってからは、エーグルの町が管理していましたが、1804 年から 1816 年までは、貧しい人々のためのホスピスとして、また、1804 年から 1972 年までは、裁判所と刑務所として利用されていましたが、1973 年から城は修復されて、1975 年にワイン博物館として生まれ変わりました[8]。

この城には、こんなお話が残されています。ちょうど、ベルン州の代官がこの城の城主として住んでいた時のことです。この城主は、村人たちへの取り立てが厳しい血も涙もない人物でした。

ある年の冬に大寒波が領地に訪れました。牛や馬も死に、作物も底を尽

きてしまい、村人たちは、どのようにして冬を過ごすのか考えましたが、なすすべもありませんでした。そして、城主に食糧を分けてくれるように頼んだのですが、彼は、村人たちは心掛けが悪いからそんな目にあうのだと取り合ってくれませんでした。城主の娘のローズマリー姫は、父親とは正反対の気性で、とても心根の優しい娘でした。彼女は、どうしたら村人たちを救えるのか考えましたが、すべての人々を救える食糧は城にはありませんでした。そこで、毎日、神様に村人たちの無事を祈り、自分の食べものは、近くの子供たちに分け与えていました。ある日、彼女は城の酒蔵に大量のワインが眠っていることに気が付きます。そこで、秘密の通路から村人たちを招き入れて、ワインを運び出させます。彼らは、彼女が差し出してくれたワインのおかげで、寒い冬の間も命を長らえることができました。そうしているうちに、寒さも和らぎ、他の地方からの救援物資も届き始めた頃、城主は、酒蔵から大量のワインが無くなっていることに気が付きます。彼は村人たちに、犯人が名乗り出なければ、30 人の子供たちを断首の刑に処すと伝えます。彼らは、ローズマリー姫がワインをくれたとも言えず、泣く泣く 30 人の子供を城に差し出します。城主は、情け容赦なく、首切り男に大斧を準備させ、まさに今、大斧が、子供の首に振り下ろされようとする時、白いドレスを着たローズマリー姫が、胸に短剣を突き立てて現れます。ドレスは真っ赤な血で染まり、彼女はそこに倒れると、村人たちにワイン差し出したのは自分で罪は自分にあると父親に告げて亡くなります。エーグルの村人たちは、それからしばらくは、赤ワインを造らなくなったそうです[9]。自らの命をかけて、村人を救ったローズマリー姫の勇気と知恵は、今ここに、エーグルの城の伝説となって人々に語り継がれています。

　Aigle を過ぎると、ローヌ川は、山の間を縫って流れていきます。州はヴォー州からヴォレー州へと変わります。途中、城塞の城がある Martigny を通り過ぎると、ローヌ川は蛇行しながらも州都 Sion に向かって流れてい

きます。周囲には、雄大な山々が広がり、その斜面を覆いつくすブドウ畑の風景は荘厳です。やがて、岩肌が露わになった小高い丘の上に2つの城が見えてきます。

　ひとつはヴァレール城（Le château de Valère）でもうひとつは、トゥールビヨン城（Le château de Tourbillon）です。両者とも城の始まりは、13世紀頃からですが、最初の教区は4世紀には Martigny に開かれました。しかし、度重なる川の氾濫により、その後、この Sion に移されたそうです。ヴァレール城にある教会は、12世紀にロマネスク様式で建てられ、13世紀にはゴシック様式で建物が広げられました。1430年から1435年にかけて、教会にはパイプオルガンが設置されて、現在も世界最古のオルガンとして親しまれています。トゥールビヨン城は、当初、シャラントのボニファス司教のための城館として建てられましたが、彼が1308年に亡くなると、1352年にヴァレー州の反対勢力がタベル司教に対して反乱を起こしますが、失敗します。再び、1375年に反乱が起こるとタベル司教は殺害されてしまいます。その後は、サヴォイ家のものとなり、夏の居城として使われていたそうです。14世紀の終わりから15世紀初頭にかけては、再び起こった反乱による戦火で、城は焼け落ちてしまいます。そして、一旦は修復されたものの、1788年に Sion で大火が発生して、再び城は焼け落ちてしまい、廃墟となりました(10)。

　そんな悲惨な歴史が繰り返された日々とは裏腹に、この2つの城のある斜面には、石垣に覆われた荘厳なブドウ畑が広がっています。人間が繰り広げる愚かな戦いの中で、ワインだけが唯一、人と人の戦いを公正な目で見つめ、平和という光を輝かせていることを信じて、シオンの城を後にしましょう。

古城を巡る3　ブードリー城・ムノート城・ベルンツィオーナの城

（カステルグランデ、カステッロ・ディ・モンテベッロ、カステッロ・ディ・サッ

ソ・コルバーロ）

　Sion から列車を利用して移動するのであれば、起点地を Lausanne に戻して、Neuchâtel 方面へ向かいます。Sion から Lausanne までと、そこから Neuchâtel までは、それぞれ移動は約 1 時間ずつかかります。後ろ髪をひかれるように、車窓から見るヴァレー州の切り立った山々のブドウ畑を後にして、一路 Neuchâtel 方面へと向かいます。スイスでの列車の旅は、鉄道も正確な時間で運行されているので、快適です。ここヌーシャテル州もヴォー州と同じように湖畔沿いにブドウ畑が広がっています。その東にはビール湖が、東南には小さな湖、モラ湖があり、この 3 つの湖を巡る船旅で、目にするブドウ畑の風景は、列車の旅とは、また異なる発見があるでしょう。

　さて、この州にも、Neuchâtel から列車で 10 分位のところにブードリー城（Le Château de Boudry）があります。この城は、13 世紀にヌーシャテル伯爵のための出城として築かれたのが始まりです。1373 年、この地を円滑に統治していたルイ伯爵が亡くなると、彼の娘イザベルが城の継承権を得たのですが、彼女はすでに結婚していました。1 年後に夫を亡くしますが、すぐに再婚します。そのため、ルイ伯爵の 3 番目の妻であるマルグリットが城の後継者となります。それは、暗黒の時代の始まりでした。彼女は新しい夫と共謀して、城に招き入れた人々の中から 8 人を選んで塔に投獄して、彼らの財産を没収して売り払ってしまいます。このことに対して、市民も大きく反発します。これをイザベルは黙って見逃しませんでした。事態を収拾するために武力行使でブードリーの城にやって来ます。マルグリットもこれに対抗して、城の納屋に火をつけて混乱を招き、そのすきに、様々な銀製品や宝石、礼拝堂にある祭壇の装飾品などを運び去ります。マルグリットと彼女の夫の悪行のすべては、イザベルによって Besançon の大司教によって統括されている仲裁の法廷に持ち込まれました。その時のイザベルの証言は公文書として今も残されています。裁きにより、マルグ

リットと夫は城から追放されます。一方、イザベルは、結婚後、子宝に恵まれませんでしたが、甥のコンラッドにすべての土地と財産を引き継がせたそうです。そして、1395 年のクリスマスの日に安らかに 60 歳の生涯を終えると、亡き父のルイ伯爵の霊廟に埋葬されたそうです[11]。

現在この城は、幾度もの修復を経て、ワイン博物館に生まれ変わり、一般に公開されています。展示では、この地方におけるワインの歴史を技術の発展と共に分かりやすく説明しています[12]。

近隣にある城を更に巡りながら、ワインの旅は続きます。

Neuchâtel からスイス東部のドイツ国境付近に広がる Schaffhausen までは、スイスの都市間を最速時速 200km で結ぶ Inter City（IC）を利用すると Zürich 経由で、約 2 時間で到着します。

Schaffhausen の町は、豊かな水源を誇るボーデン湖から Basel まで続くライン川沿いにあり、古くから交易の重要な地点として栄えました。町を見下ろす丘には、ムノート（Festung Munot）という城塞が築かれています。1564 年から 1585 年にかけて、ドイツの画家 Albrecht Dürer の構想により建てられました。建設には、約 47,000 人が協力しました。建築費用は、家 800 戸分に相当するそうです。円形の城の中は、優雅な城の気配はなく、薄暗く、螺旋階段が上に続いていて、外敵から町を守るための城の要件のみを満たしています。屋上には砲台があり、町が一望できます。

1799 年にこの城は、オーストリアとフランスの戦いによって大きな被害を受けます。この町の画家 Johann Jacob Beck は、この城の崩壊を嘆いて、イラストを描いて危機を訴え、1839 年に城の保存のための協会を設立して再建します[13]。

城の急斜面にある美しいブドウ畑は、1830 年から栽培が始まりましたが、1930 年代には工業化とブドウの病気の影響で衰退します。現在、畑は市によって管理されていて、毎年約 1 万キロのブドウから美味なるワインが造られています[14]。

　さて、ここから、近郊に足を延ばせば、ラインの滝の荘厳な流れを見ることができます。滝煙に包まれながら、ワイングラスを傾ければ、次の旅への歩を進める力が湧いてくるかもしれません。

　ラインの滝を後に列車は、スイスの南に向かって縦断する形で、Zürich 経由でティチーノ州 Bellinziona を目指します。Inter City（IC）を利用すると所要時間は2時間50分位です。このコースは、スイスのアルプス地方を縦断する形で列車が走っています。途中、ゴッタルド峠、オーバーアルプ峠、フルカ峠が交差するアルプスの宿場町 Andermatt を通り、列車は Bellinziona へ向かいます。ティチーノ州に入ると、言語がドイツ語からイタリア語に変わります。町の風景も壁や屋根の色が華やかで、また、新しいスイスがそこにはあります。

　Bellinziona の町は、アルプスの峠越えの際の要所として、古くから栄えてきた町です。ここには3つの城塞があり、町を囲む城壁と共に2000年に世界遺産に認定されています。町の中央には、カステルグランデ（Castelgrande）、東の丘にそびえたつカステッロ・ディ・モンテベッロ（Castello di Montebello）、南にはティチーノ川と町を見下ろすようにカステッロ・ディ・サッソ・コルバーロ（Castello di Sasso Corbaro）が建てられています。

　カステルグランデの城は、13世紀から始まりますが、発掘調査によると新石器時代の紀元前5500年のローマ時代に遡ることができます。また、4世紀から6世紀にかけて防御用の要塞として使われていたことが明らかになっています。城は町の50m上に聳え立ち、凛とした姿を訪れる人々に印象付けています。近年では、1984年から1991年にかけて大規模な修復が行われて、エレベーターで一気に城の上まで辿り着くことができます。

　カステッロ・ディ・モンテベッロは、カステログランデから約90m離れたところにあり、現在は博物館として公開されています。旧市街の防御の壁は、ここから始まり、サン・ミケーレの丘まで延々と続いています。城

は 13 世紀から 15 世紀にかけて建てられ、城館も備えられていますが、ここから見下ろすマジョーレ湖の景色は壮観で、やはり城塞として建てられた城の性格が色濃く伺えますが、城の斜面にはブドウが植えられています。ブドウ畑は、この城が世界遺産に登録されていることもあり、景観を損なうことのないように、配慮されているそうです。

　町の南にあるカステッロ・ディ・サッソ・コルバーロは、3 つの城の中で最も小さな城です。15 世紀にミラノ侯爵によって塔が建設されたのが城の始まりです。その後も兵士の駐屯所として、また、その頃に刑務所としての利用もありましたが、囚人が逃げ出すことがあり、城はその役割を失っていきます。1803 年には、ティチーノ州の独立によって管理されることになります。1994 年になってから大規模な城の修復が始まると、1999 年に博物館として開館されます。17 世紀にブレニオ渓谷の貴族エマ家のために建てられた木造の部屋（Sala Emma Poglia）は、1944 年にティチーノ州が購入し、カステルグランデ城に収容されていましたが、1989 年にこの城に移されて修復されます。部屋には鷲とライオンのエマ家の紋章が刻まれた木製のストーブが置かれています[15]。

　さて、城の内部には、レストランが併設されています。ティチーノ産のワインのグラスの向こうには、ティチーノの渓谷とマジョーレ湖を望むことができます。スイス各地の城をこうして巡り、旅で得た情報が、心の中で集約されると、それは、万華鏡のような輝きにも似て、多面的に新しい輝きとなって皆さんの心に残ることでしょう。それは、スイスが複数の言語と独自の文化を持つ多様性のある国であるからではないでしょうか。

塩とスイスワイン

　スイスでは、スーパーマーケットなどで 3 種類の岩塩が市販されています。ひとつは岩塩にヨードが添加されたもの。カリエス予防のフッ素とヨ

ードの両方が添加されたもの。そして、何も添加されていない岩塩だけのものです。スイスは、内陸国なので、魚介類や海藻類を摂る機会が余りありません。そこで、毎日使う塩に添加して健康の予防を図ることが考えられています。

スイスの岩塩ですが、現在はバーゼル・ラントシャフト州 Pratteln、アールガウ州 Möhlin、ヴォー州の Bex の3つの地区で採掘されています。岩塩の販売や輸入などの取引は、スイス国営のザリーネン社（Saline AG.）がすべて管理しています。3つの採掘所では、年間40万から60万トンの岩塩が生産されていますが、国内での消費量が多いので、現在も新たな岩塩の鉱脈を求めてバーゼル周辺での採掘が行われています[16]。今回は、その採掘所のひとつでスイスワインにも所縁のある Bex を紹介します。

レマン湖からヴァレー州方面に向かうと、ワインの博物館がある Aigle がありますが、その駅から列車で約6分のところに Bex という小さな駅があります。駅前でタクシーに乗って、更に山手に約5km進むと Bex 塩鉱山（Mines de Sel de Bex）があります。この鉱山は、トロッコ列車に乗って地底探検の如く、広い洞窟内をガイド付きで見学することができます。地下400mのところには、レストランも併設されていて食事やワインを楽しむことができます。

Bex の地層ですが、海がゆっくりと蒸発して分厚い塩の層を堆積させた約2億年前の三畳紀に遡ります。その後、アルプスの褶曲がこれらの塩の層を山の岩の中に閉じ込めてしまったのです。

この塩泉が発見されたのは15世紀に入ってからです。村の青年が森を歩いていると羊やカモシカたちが決まって、ある水の流れに集まるのでした。青年は不思議に思って、その水をすくって飲んでみました。すると、水に塩分を感じるではありませんか。その成分は、海の貝殻や軟体動物など石灰岩塩ですが、長い間に礫岩などが堆積して、塩と岩が交り合った層が出来上がり、水が浸食して塩の成分が溶け出したのです。この塩泉の発見は、

伝説となって今も語り継がれています[17]。

　塩の採掘が本格的に始まったのは、16世紀になってからです。その後、17世紀になると新しいBévieuxの鉱山が採掘されて、塩業は更に拡大します。現在の岩塩を抽出する技術は、岩を800mの深さまで掘って、そこに二本の円管が取り付けられると、高圧で水が片方の管に注入されます。すると、水は塩分で飽和状態になり、もう一方の管を伝って上昇します。この技術は1877年に導入されたものです。当時は、塩水を薪ストーブで蒸発させて塩を造っていましたが、現在は、熱圧縮装置が使われています。

　ここでは、今も50名の技術者が働いていて、年間の生産量は3万トンで、内7%の約2,000トンがヴォー州のチーズや食肉の加工用、または食卓塩として利用されています。残りは、道路の凍結緩和剤や工業製品の製造用として利用されています[18]。

　Bexといえば、あの伝説の湧き水から想像できるように、ミネラル分豊かなワインが思い浮かびます。あの2億年前の地層が基盤となったブドウ畑は、110haと小さなワイン産地ですが、Villeneuve、Yvorne、Aigle、Ollonと並んで、ヴォー州シャブレ地区の重要な産地のひとつです。白はChasselas、Chardonnay、Sauvignon Blanc、赤はPinot Noir、Gamay、Merlotのワインが造られています[19]。

　ブドウ畑もこのように塩泉の恩恵を受けて、他の産地とは異なる個性のワインが産まれています。Bexのワインを味わうときに、Bexの塩を少し舐めてワインを飲むと、味わいに更に深みが増してきます。勿論、お料理にはBexの塩を使うことをお勧めします。

　太古の昔からの地層の塩とスイスのワインが、皆さんの旅の疲れを癒やしてくれることでしょう。

＊塩の道（Le Sentier du Sel）は、オロンの塩泉（Le Salin sur Ollon）とBexにあるベヴューの塩泉（Le Saline du Bévieux）を結んでいます。全行程は約5時間、12.5kmですが、山の自然を満喫できる素晴らしいハイキン

グコースです。詳細は、Bex^{ベー}の観光
局で尋ねてみてください。
<ruby>Office<rt>ベー</rt></ruby>
Office du Tourism de Bex
http://www.bex-tourisme.ch

ファリネの小道

　1845 年、Joseph-Samuel Farinet
はイタリア、アオスタ渓谷の
St-Rhémy-en-Bosses で貧しい家庭
に生まれました。そのため、まだ成
人にもならない頃から、贋金作りを
していました。その罪を問われ、イ
タリアの刑務所に入っていました
が、脱走して 1870 年にヴァレー州、

Bex 塩鉱山内で塩水が固まったもの

ローヌ川沿いにある小さな町 Saillon に逃げてきます。この頃、スイスに
は産業革命の波が押し寄せていたものの、工業化はなかなか進まず、景気
も低迷していました。彼は町の人々が困っているのを見て、贋金作りを思
いつきます。彼は、20 サンチーム硬貨を作る機械を開発すると、自分自身
は一切贋金を使わず、困っている人々にお金を配ります。
　1871 年、ヴァレー州立銀行が金融破綻し、周辺の景気はより低迷してい
きます。贋金を配り続けていたファリネは、罪を問われ、Martigny で逮捕
されると、懲役 4 年の刑を宣告されます。しかし、その後も何度か脱獄を
繰り返して、ヴァレーの山中を逃げ回ります。警察は、追っ手をかけます
が、贋金をもらった人々は彼に同情的でした。そのため、彼の足取りは
中々掴めませんでした。1880 年 4 月 17 日、Saillon と Leytron の間にある
Salentze 峡谷で彼の遺体が発見されました。死因は、射殺されたとか、疲

労と飢餓のために命を落としたのではともいわれ、真相は定かではありません。ファリネが 35 歳で亡くなる前の 10 年間、配った贋金は数万枚にも及ぶそうです[20]。自分自身の身の上も貧しかったことや、困った人々が失意のどん底でどんな思いをしていたのか、ファリネは良く理解していたようです。彼の人生の中で人々の喜ぶ顔を見て幸せな時を過ごせたことは、彼の唯一の心の安らぎでした。

　1939 年には、Basel（バーゼル）出身の Max Haufler（マックス・ホフラー）監督が『Farinet ou l'or dans la Montagne（山の中のファリネ）』としてこの物語を映画化しました。ホフラー監督は、Lausanne（ローザンヌ）出身の作家 Charles-Ferdinand Ramuz（シャルル=フェルディナン・ラミュ）の小説『Farinet ou la Fausse Monnaie（ファリネ、贋金作り）』を基に映画の構想を練ったそうです。日本では『天井桟敷の人々』（Les Enfants du Paradis）などで有名なフランスの名優、Jean-Louis Barrault（ジャン=ルイ・バロウ）氏が、ファリネ役として抜擢されました。彼は、ファリネの人柄に心を強く惹かれ、ファリネの没後 100 周年に当たる 1980 年に友の会を結成し、ワインを愛したファリネを偲んで「平和のブドウ園（La Vigne de la Paix）」を開園させています[21]。この慈善事業は、2000 年からダライ・ラマ法王に引き継がれていて、各界の著名人と周辺の産地で育てられたブドウから年間 1,000 本のワインが生産されて、その売上金は社会貢献の活動資金として役立っています。

　現在、Saillon（サイヨン）にある「贋金の博物館、ファリネの家（Musée de la fausse monnaie - maison Farinet）」では、彼の辿った歴史を偲ぶことができます。また、平和のブドウ園のワインもここで販売されています。

　ファリネ所縁の町 Saillon（サイヨン）へは、Lausanne（ローザンヌ）から列車で Martigny（マルティーニ）まで約 1 時間。そこからバスを利用して約 30 分で到着します。

　町の南の斜面にある「平和のブドウ園」までは、途中、Paris（パリ）在住の画家 Robert Hértier（ロバート・ヘルティエール）とガラス細工画家 Théo Imboden（テオ・インボーデン）によるファリネの姿を模った美しいステンドグラスのアート 21 点を見ながらの「ステングラストレイル（Le Sentier des Vitraux）[22]」として観光客の人気を集めています。

所要時間は約 1 時間ですが、途中、目にするブドウ畑の景観は見逃せません。

　ファリネに由来する観光名所は、ファリネが亡くなった Salentze 峡谷（サレンツェ）にかけられている「ファリネの橋（La Passerelle à Farinet）[23]」です。2001 年にこの橋ができたことにより、観光だけでなく、農家の人々はブドウや肥料、干し草の運搬など

ファリネ小道のステンドグラス

が橋を渡って運ぶことができるようになりました。

　橋から見える岩には、平和を象徴する鳩がブドウの房を運んでいるモニュメントが飾られています。ファリネと共にワインはここでも平和の象徴となっています。

＊「贋金の博物館、ファリネの家（Musée de la fausse monnaie - maison Farinet）」「ステングラストレイル（Sentier des Vitraux）」「ファリネの橋（La Passerelle à Farinet）」等の観光案内の問い合わせ先：Saillon Tourism office（サイヨン観光局）　https://www.saillon.ch/tourisme

【註・参考文献】
(1)　井上宗和著『スイスの城とワインの物語』グラフィック社. 1989.3,p.4
(2)　"Château de Vufflens" Clos, Domaine Château の公式サイト
　　　https://www.c-d-c.ch/fr/producteurs/chateau-de-vufflens-38
(3)　"Château d'Allaman" Clos, Domaine Château の公式サイト
　　　https://www.c-d-c.ch/fr/producteurs/chateau-d-allaman-43
(4)　Yves Merz "Le roman «La marquise d'Allaman» s'inspire d'un étrange fait divers" 24heures
　　　30.10.2018
(5)　井上宗和著『スイスの城とワインの物語』グラフィック社. 1989.3, pp.4-6

(6) 井上宗和著『ヨーロッパ古城の怪奇物語』日地出版. 1998.2, pp.206-207

(7) シヨン城の公式サイト https://www.chillon.ch/fr/

(8) エーグル城の公式サイト https://chateauaigle.ch/

(9) 井上宗和著『ヨーロッパ古城の怪奇物語』日地出版. 1998.2, pp.209-213

(10) 井上宗和著『スイスの城とワインの物語』グラフィック社. 1989.3, pp.34-35

(11) Louis Knab,Le Conservateur Suisse, ou Recueil Complet des etrennes Helvétiennes. TomeXI. Lausanne,Benjamin Corbar libraire,1829,pp.330-331

(12) ブードリー城公式サイト http:// www.chateaudeboudry.ch/?a=38,56,78,82

(13) ムノート城公式サイト http://www.munot.ch/index.dna?rubrik=1&lang=1

(14) シャフハウゼン市公式サイト
http://www.stadt-schaffhausen.ch/Reben.4628.0.html

(15) ティチーノ観光局公式サイト
https://www.ticino.ch/en/British Library Collection items

(16) ザリーネン社（Schweizer Salinen AG） https://www.salz.ch/de/

(17) The Association for the development of the mines and saltworks in Bex and of their history（AMINSEL）,TheMines and Saltworks of Bex,ed.by P.Edward, Réunies Lausanne.,1992,p.10

(18) Bex の塩鉱山（Mines de Sel de Bex）公式サイト
https://www.seldesalpes.ch/fr/mines-de-sel/

(19) Commune de Bex 公式サイト https://www.bex.ch/

(20) Pascal Thurne,Farinet ou la vraie monnaie,Les Amis de Farinet,1995.,pp.9-11

(21) Ibid.,pp.31-45

(22) Saillon 観光局
https://www.saillon.ch/tourisme/culture/farinet/le-sentier-des-vitraux.aspx

(23) 同観光局
https://www.saillon.ch/tourisme/culture/farinet/la-passerelle-à-farinet.aspx

☕ **ひとこと** ―妖精の洞窟 "La Grotte aux Fées" を訪ねてみませんか―

　ヴァレー州の入口の町、サン・モーリスには、"La Grotte aux Fées" という小さな洞窟があります。その昔、この地に侵略者が現れると、人々はその洞窟に身を潜めて隠れていたそうです。

　1831 年に探検隊によって、本格的な調査が行われると、全長約 600m の全貌が明らかになりました。1864 年にサン・モーリスの修道院の僧侶たちによって洞窟の整備が始まり、翌年から公開されます。狭い入口を入ると、

中は真っ暗ですが、懐中電灯を頼りにひたすら洞窟を進むと、数分後に太陽の光がうっすらと見えてきて、小さな滝のように水が滴り落ちています。そこには、泉に左手をかざすと願い事が叶

狭い入口の洞窟の奥には美しい泉がある

うという「奇跡の泉」が湧き出ているのです。晴れた日に、太陽の光が反射すると、泉の水が滴り落ちる様子が金色に輝いて見えます。

　"美味しいワインに出会えますように！"と旅の祈願をすると、もっともっとたくさんのスイスワインとの出会いがあるかもしれません。

＊妖精の洞窟（La Grotte aux Fées）http://www.grotteauxfees.ch/

第7章　スイスワインのお祭り

Samuel Rubio© Fête des Vignerons
Vevey、ワイン生産者協会会長 François Margot 氏
ワイン生産者のお祭り（Fête des Vignerons）2019

ワイン生産者の祭り（Fête des Vignerons）

スイスのヴォー州 Vevey で 20 年から 25 年に 1 度開催されるワイン生産者の祭り（Fête des Vignerons）は、2016 年に、ユネスコ無形文化遺産として登録されています。このお祭りは、17 世紀から続くスイス最大のワイン祭りです。

前回は 1999 年 7 月 29 日から 8 月 15 日の 18 日間開催され、会場となったレマン湖畔の特設ステージの 16,000 席は、ほぼ満席でした。準備期間が 20 年から 25 年ということもあるのですが、お祭りの出演者は、約 5,000 人。音楽もスイスロマンドオーケストラとローザンヌ交響楽団という世界で活躍する演奏家によるもので、ブドウ畑の四季が、オペラや演劇ヨーデルなどを取り入れながら、3 時間もかけて演じられます。衣装も一流のデザイナーたちによるもので、1999 年には、60,000m の生地が製作のために使われたそうです。

2019 年は、ソチオリンピックの仕事も手掛けたウルグアイ出身の Hugo Gargiulo 氏の建築デザインにより、700 トンものカラフルな建築資材が使われて、レマン湖畔を望む $14,000m^2$ のエリアに 20,000 席もある特設ステージが開設されました。脚本と振付けは、ティチーノ州出身の Daniele Finzi Pasca 氏で、前回のお祭りでもパフォーマンスのユニークな発想とそのスケールの大きさで観客を魅了した人物です。コスチュームは、イタリア出身の Giovanna Buzzi が担当し、7 月 18 日から 8 月 11 日の間、5,500 人の出演者によってお祭りのテーマである「季節、水、太陽、月、星」を題材にブドウ造りを通じて人間と自然とのつながりが 20 のシーンによって演じられました[1]。また、Vevey の町には、25 日間のお祭りで 100 万人以上の観光客が訪れたそうです。

毎回のお祭りで登場する「Le Ranz des Vaches[2]」は、重要なシーンのひとつです。アルプスの牧夫たちが、牧草地で歌う郷愁を誘うこのメロデ

ィーは、1767 年に Jean-Jacque Rousseau が『Dictionnaire de Musique[3]』
で紹介して、ヨーロッパ中で有名になりました。19 世紀の初めに現在の曲
風にアレンジされて、ロッシーニ（Gioacchino Rossini）のオペラ『ウィ
リアム・テル』（William Tell）など様々な作品に引用されて、スイスのア
ルプスと自然を象徴する、なくてはならない楽曲として有名になりました。

　このお祭りで最も重要な儀式は、1797 年から続いている栄誉あるワイン
生産者の表彰です。Vevey にあるワイン生産者協会（Confrérie des Vign-
erons de Vevey）の視察によるデータに基づく厳選な審査により選ばれた
ブドウ栽培の功績者には賞が贈られます。実は、この協会の前身は、地区
の農業振興に長年携わってきた Vevey の修道院（Abbaye de l'Agriculture
de Vevey）です。彼らは Vevey 周辺の Corseaux、La Tour-de-Peilz、
Corsier、Saint-Légier のブドウ畑の仕事を農業従事者に任せて管理してい
ました。修道院にとってそれは、貴重な収入源でした。しかし、ブドウ栽
培の道のりは平坦なものではありませんでした。協会の視察中には、ブド
ウ畑を守る壁の崩壊や畑の中に野菜や果物が植えられていたり、また、動
物が放牧されていたりしました。それらを日々改善して、より良いブドウ
が育つように、協会の専門家はワイン生産者にブドウ栽培などを指導し、
彼らもそれに応えました。

　協会では、定期的にこうした活動を進めることにより、土壌は活性化し
て正常な状態が保たれて、長寿でいられるブドウの木が育っていくことを
長い時間をかけて彼らに伝えてきました。その甲斐あって、18 世紀の終わ
りから表彰式が定期的にお祭りと重なって開催されています。

　1927 年から、協会の活動は、このお祭りの活動のおかげで、Cully から
Aigle まで拡大されました[4]。

　お祭りが始められた頃は、ワイン生産者の人々が、自然に町中を歌いな
がら行進をしたのですが、現在も行列は、町の中央にあるステージまで、
パフォーマーたちが練り歩く「La Ville en Fête」として、引き継がれてい

Julie-Masson©Fête des Vignerons
ブドウ畑の四季をテーマに進行するワイン生産者のお祭り（Fête des Vignerons）2019

ます。

　2019 年のお祭りでは、今回初めて、各州からワイン生産者の代表団が日替わりで参加して、お祭りのパフォーマンスを一層盛り上げてくれます。

　ワインの歴史とその背景にある人と人を結ぶ絆は、このお祭りで更に深まることでしょう。そして、それは次の世代に永遠に引き継がれて、新たな交流を生んで、良いワインを産みだし、多くの人々に感動を与えて共感を得ることでしょう。このお祭りのパフォーマンスで得た感動と同じように。

スイス各地のワイン祭り

　スイス各地では、秋になるとブドウの収穫を祝ってお祭りが開催されます。お祭りでは、ワインは勿論のこと、ムー（Le moût）という発酵途中のブドウジュースが振舞われ、近郊の農家からは美味しいチーズやソーセージ、新鮮な野菜など様々な屋台が出て賑わいを見せます。また、地区のブラスバンドの演奏や野外コンサートなども開催されて、ワイン産地は一気にお祭りのムードに包まれます。

Russin のワイン祭り（Fête des Vendanges de Russin）
リュッサン

Russin は、ジュネーヴ州の西部、ローヌ川右岸にある人口約 500 人の小

さな町です。面積は 467ha、標高は 422m で、面積の 30%は自然保護地域に指定されています。そのため、町では、多くの自然に親しむことができます。町の 6 つの農場では、ワイン用のブドウ、果物、野菜などが栽培されていますが、町の販売所やジュネーヴのスーパーマーケットなどで販売されている製品は、高品質で人気があります。

　お祭りは、毎年、9 月の中旬の土曜日と日曜日に開催されます。50 件にも上る屋台では、スイス料理やワインが楽しめます。また、チーズ、パン、チョコレート、地元の工芸品などが販売されています。

　特別展示では、普段見ることのできない伝統的なワイン造りの農機具などの展示もあります。ワイン祭り開催中、町は陽気な雰囲気に包まれています。Russin の町の皆さんとひととき、ワインでの交流を楽しんでみてください。

＊イベントホームページ　https://www.fetedesvendangesrussin.ch/

Neuchâtel ワイン祭り（Fête des Vendanges de Neuchâtel）

　約 100 年の歴史がある Neuchâtel の収穫祭は、毎年 9 月の最終の金曜日から日曜日にかけての 3 日間、町の通りや特別会場を使って開催されます。お祭りはオープニングの行列から始まり、「Guggenmusik」と呼ばれる夜の音楽パレード、湖畔での花火大会と屋台も約 180 点の出店があり、30 万人の観客で賑わいます。期間中、ミス・ヌーシャテルのコンテストも開催されます。色とりどりの花で飾られた山車のパレード「Grand Corso Fleuri」でお祭りはクライマックスを迎えます。但し、このパレードの見学は 12 歳未満は無料ですが、13 歳以上は有料席の予約が必要になります。

＊イベントホームページ　https://www.fete-des-vendanges.ch/

Neuveville ワイン祭り（Fête du vin La Neuveville）

　ビール湖に面した人口 3,700 人の町 La Neuveville は、14 世紀に築かれ

た砦が東西南北に張り巡らされて、今もなお古い町並が残されています。湖畔のブドウ畑では、Chasselas に続いて Pinot Noir が造られていて名産品です。毎年 9 月の第 2 金曜日から日曜日にかけてワイン祭りが開催されます。お祭りでは、民族衣装を纏った人たちの踊りや演奏、約 500 人が参加する行列などが披露されます。また、屋台ではスイス料理やワインを楽しむことができます。

　この町にはベルン市のドメーヌがあります。市は La Neuveville、Schafis、Ｓｔ.Petersinsel の 3 か所にある 25ha のブドウ畑を 150 年以上に亘って管理してきました。標高 450m にあるブドウ畑では Chasselas、Pinot Noir、Pinot Gris、Chardonnay が造られています。ドメーヌは、事前に連絡すると見学もできます。

＊イベントホームページ http://www.feteduvin.net/

＊ベルン市のドメーヌ Domaine de la Ville de Berne
　　https://www.rebgutstadtbern.ch/fr/

Twann のワイン街道めぐり（La route du vin à Twann）

　ビール湖の美しいワイン産地 Twann では、9 月の第 2 金曜日から土曜日にかけて、美しいブドウ畑にワインスタンドが設けられます。当日は、料金を払って記念グラスを購入してワインの試飲ができます。ブドウ畑を散策しながらスイスワインの更なる魅力を発見してみてください。

＊公式ホームページ
　　https://www.twanner-weinstrasse.ch/

バッカスの祭り（PerBacco! Festa della Vendemmia）

　毎年 9 月の上旬の木曜日から日曜日にかけての 4 日間、Belinziona で開催されるお祭りは、2013 年に市が中心となってスポーツやガストロノミー

を融合させて協会を設立しました。お祭りでは、「Bellinziona の文化イベ<ruby>ベリンツィオーナ</ruby>ントとワインの文化的イベントを推進する」ことをスローガンに掲げています。開催中は、広場にブースが出展されて、ティチーノのワインや特産品が販売されます。

　Villa dei Cerdri の公園では、音楽フェスティバルも開催され、これに合わせて、ミュージアム（MuseoVilla dei Cerdri）も真夜中まで開館されます。

　このほかに、ブドウ畑を巡る特別ガイドツアーなどティチーノワインと美食のイベントも準備されています。

　お祭りの期間中開催されるフォトコンテストでは、毎年「ワイン」をテーマに多くの応募作品が寄せられて、新しいティチーノワインの魅力を届けてくれます。

＊公式ホームページ

　http://www.perbaccobellinzona.ch/

　このほかに各地ではたくさんのワイン祭りやイベントが年間を通じて開催されています。詳細は「各地のワイン祭りとイベント一覧」を参考にしてください。

各地のワイン祭りとイベント一覧

名　　称	開催時期	開 催 地	問い合わせ先
マイエンフェルトワインセラー巡り KEND MAIENFELD	4月〜10月 土・日	Maienfeld 周辺： グラウビュンデン州	公式ホームページ https://www.wiikend.ch/
トゥーアワイン祭り GenussThur Winzerfest	8月 第2土曜日	Frauenfeld 周辺： シュヴィーツ州	公式ホームページ GenussThur, Thur-Seebachtal www.genussthur.ch

マルティニ ワイン祭り Plan-Cerisier en fête	8月下旬 金・土	マルティニ・クロワ Martigny-Croix： ヴァレー州 ＊Martigny から バスで約15分	運営事務局 Les Amis de Plan-Cerisier contact@plancerisier.ch
ヴュリィ ワイン祭り Fête des Vendanges Vully	9月中旬 土・日	ヴュリィ Vully 周辺： ヴォー州	ヴュリィ観光局 Vully Tourisme Route de la Gare 1 1786 Sugiez ＋41 26 673 18 72 info@levully.ch
Spiezer Läset-Sunntig＊ベル ナーオーバランド最大のワイ ン祭り	9月 第2日曜日	シュピーツ Spiez 周辺： ベルン州	運営事務局 Verein Spiezer Läset Sunntig sujacobs@solnet.ch 公式ホームページ https://www.laeset-spiez.ch/
ハーラウ ワイン祭り Fête des Vendanges Hallau	8月下旬～ 9月上旬	ハーラウ Hallau 周辺： シャウハウゼン州	ハーラウ観光局 Hallau Tourismus ＋41 52 681 20 20
トラザディンゲン ワイン祭り Trasadinger Herbstsonntag	9月上旬 土・日	トラザディンゲン Trasadingen 周辺： シュヴィーツ州	公式ホームページ https://herbstsonntag-trasadingen. jimdo.com/
ヴァーレン ワイン祭り Weinfest Varen	9月中旬頃 金・土	ヴァーレン ヴァローヌ Varen/Varône： ヴァレー州	ロイカバート観光局 Abteilung Leukerbad Tourismus ＋41 27 472 71 71 info@leukerbad.ch
マランス ワイン祭り Weinfest Malans	9月中旬頃 金～日	マランス Malans： グラウビュンデン州	マランスワイン祭事務局 info@weinfest-malans.ch 公式ホームページ https://www.weinfest-malans.ch/
エルラッハ・セルリエール ワイン祭り Fête des Vendanges Erlach/Cérlier	9月中旬頃 土・日	エアラッハ セルリエール Erlach/Cérlier ベルン州	エルラッハ観光局 Tourismus Erlach ＋41 32 338 11 11 office@tourismus-erlach.ch
ヴァレー州 ワイン祭り Au Coeur des Vendanges	9月 第3土曜日	マルティニ ヴァーレン Martigny から Varen にかけてのヴァレー 州のワイン産地	ヴァレーワイン協同組合 Interprofession de la vigne et du vin du Valais ＋41 27 345 40 80 info@lesvinsduvalais.ch 公式ホームページ https://www.aucoeurdesvendanges. ch/

メンドリーズィオ ワイン祭り Sagra del Borgo – Fête des vendanges	9月下旬 金〜日	Mendrisio 周辺： ティチーノ州	公式ホームページ www.sagradelborgo.ch
リュトリー ワイン祭り Fête des Vendanges Lutry	9月下旬 金〜日	Lutry 周辺： ヴォー州	公式ホームページ https://www.fetedesvendanges.ch/
レーニンゲン ワイン祭り Löhninger Trottenfest	9月下旬 土・日	Löhningen 周辺：シャフハウゼン州	レニンゲンワイン協同組合 Weinbaugenossenschaft Löhningen +41 52 685 36 46 公式ホームページ https://www.trottenfest-loehningen.ch/
ヴィルヒンゲン ワイン祭り Dimanches des vendanges à Wilchingen	9月下旬 土・日 10月 第1日曜日	Wilchingen 周辺：	公式ホームページ https://www.heso-wilchingen.ch/home/
ニヨン ワイン祭り Fête de la Vigne à Nyon	10月上旬 金・土	Nyon 周辺： ヴォー州	運営事務局 Fête de la Vigne +41 76 554 03 73 info@fetedelavigne.ch 公式ホームページ www.fetedelavigne.ch/
ゲフリンゲン ワイン祭り Gächlinger Herbstfest	10月 第1土曜日	Gächlingen 周辺： シャフハウゼン州	シャフハウゼンワイン協同組合 Schaffhauser Blauburgunderland +41 52 632 40 20 Info@blauburgunderland.sh
オスターフィンゲン ワイン祭り Osterfinger Trottenfest	10月 第2土曜・ 日曜日	Osterfingen 周辺： シャフハウゼン州	公式ホームページ www.trottenfest.ch/
À la découverte du "Bourru" dans le vignoble ＊発酵中の新酒に出会えるワインセラー巡り	11月 第1土曜・ 日曜日	Begnins、Luins、Vinzel 周辺： ヴォー州	運営事務局 Caveau des Vignerons de Luins-Vinzel +41 21 824 20 84 info@caveau-luins-vinzel.ch 公式ホームページ https://caveau-luins-vinzel.ch/evenements/le-bourru/

【註・参考文献】
(1) Fête des Vignerons 2019-The Fête des Vignerons in 10 points-March 2019. Vevey., pp.4-9

(2) Ibid.,p.14

(3) Rousseau, Jean-Jacques.Dictionnaire de musique. Chez la veuve Duchesne.1767. by Thomasfisher Collection; University of Ottawa;Tronto (Digitizing sponcer), University of Tronto (Contributor)., p.405

(4) La Confrérie de Vignerons de Vevey "La Vigne" www.confreriedesvignerons.ch/

第8章　食とワインの力

スイスのチーズとワイン。パンに白ワインをかけてチーズをのせて
焼くとより一層チーズの美味しさが引き立つ。

カエサルの征服がもたらしたワイン文化

スイスには、ローマ人たちが築いた都市が各地にあり、町には、神殿や円形闘技場などの遺跡が、今も残されています。遺跡の中からは、ローマ人たちが日常使っていたアンフォラというワインを貯蔵・運搬した容器なども発見されています。

レマン湖畔にある Nyon（ニヨン）は、Julius Caesar（ユリウス・カエサル）により建設された都市で、当時は、Colonia Julia Equestris（コローニア・ユーリア・エクェストリス）（カエサルの騎兵植民地）と呼ばれていました[1]。カエサルは、この地がヘルウェティ族の勢力圏の南に位置していることや交易都市の Genève（ジュネーヴ）に近い都市であることに着目しました。カエサルが建設を計画したもうひとつの都市は、Basel（バーゼル）付近のライン川沿いにある都市 Augusta（アウグスト）で、Colonia Raurica（コローニア・ラウリカ）です。残念ながら、カエサルはこの都市の完成を見ることなく、暗殺されてしまいますが、スイス全土のローマ帝国による支配は紀元 260 年まで続きます。カエサルがこの地で先住民族であるヘルウェティ族とどのようにかかわってきたのかは、彼が紀元前 52 〜 51 年ごろに書き残した『ガリア戦記[2]』に詳しく書かれています。その記述によると、現在のスイス西部に居住していたヘルウェティ族は、紀元前 58 年に、更に肥沃な土地を求めて、僅かな食料をもって故郷を離れています。その数は、なんと 26 万 3000 人にもおよびました。

彼らは、現在の Genève（ジュネーヴ）付近で、ローマの属州となっていた西ガリアに移住することを試みましたが、カエサルに行く手を阻まれてしまい、止むなくジュラ山脈の険しい山道を越えて移動を始めます。カエサルは、彼らを逃すまいと、ブルゴーニュ地方 Autun（オータン）付近の Bibracte（ビブラクテ）まで追撃して移動を阻止します。これに降伏したヘルウェティ族と彼らと行動を共にした別の部族は、元の領地に強制送還されましたが、彼らは移動の際に町や村を自らの手で破壊していたので、その地で生活を始めることは不可能でした。

　カエサルには、ヘルウェティ族を盾にしてゲルマン人が豊かな土地を求めて南下することを阻むという目算があったようですが、カエサルはヘルウェティ族に穀物を供給して、町や村の復興の再建を援助し、彼らをローマの同盟国の民として扱います。このカエサルの戦略によってワイン造りが大きく進展を遂げることになります。

　ローマ帝政時代の歴史家タキトゥスによるとヘルウェティ族の王様は、自分たちが日頃から慣れ親しんだビールとは違う魅力ある味わいのワインをローマ人から手に入れて、驚いている様子が描かれています。ローマ人は、ヘルウェティ族がブナや樫、栗などの木材の樽でビールを熟成させていることを知り、これをワイン造りに取り入れたのでした。今まで円形の甕やアンフォラのような土器に石膏や粘土で蓋をして保存していたワインと比べて、木樽で寝かせたワインは、その中でゆっくりと呼吸してふくよかな味わいになることを彼らは見逃しませんでした。ギリシャ人からワイン文化を受け継いできたローマ人は、偉大なるワインを生みだした豊作の紀元前121年に造られた成熟したワイン経験を経て、次第に豊かな生活を送るようになり、水割りワインの習慣から遠ざかろうとしていました。そこへワインの樽熟成の技術が出現したのです。

　実は、ローマ人はすでに、紀元前3世紀頃から、スイスのティチーノ州南部に侵攻していました。その後は、このスイス南部を拠点としながら、アルプス山脈の北へと徐々に侵攻していったのです。

　このローマ人たちの侵攻により、スイス各地でブドウの木が陽当たりの良い斜面を選んで植えられるようになりました。西洋初の百科全書『博物誌』（Historia naturalis）の著者プリニウス（Gaius Plinius Secundus）によるとローマで市販されていたワインの大半が国内産であったということを考えると、Petite Arvine や Humagne などヴァレー州を中心に多く見受けられる特別品種は、ローマの時代からもたらされたブドウ品種であることが窺えます。古代ギリシャの地理学者で歴史家の Strabōn は、ヘルウェ

ティ族が住むガリアこそ果樹園芸に適した土地だといっています[3]。これに反論する学者もいましたが、ブドウの栽培はローマ人の進化した醸造技術と共に発展します。例えば、摘み取ったブドウは自らの重みにより果汁を出して発酵します。彼らは圧搾した果汁とこれらの果汁を区別して醸造していたようです。さらに、圧搾した果汁の温度が高いと良いワインができないので、果汁の冷却や加熱などが必要なことも熟知していました。

　技術の普及が進むにつれて、ワインを楽しむ習慣も変化します。ギリシャ人は食後に酒宴を開いていましたが、ローマ人は食事とワインを組み合わせて楽しみます。この食文化は、各地の特産物を使った料理と共にヘルウェティ族をはじめ多くの民族に受け入れられて、長い時を経た今も、料理とワインを味わう楽しみは、わたしたちの心を癒してくれています。

昔の人々の暮らしに見る食とワイン

　食卓に上るワインやパン、野菜などの食を支えているのは、農業に勤しむ人々です。四季を通して、わたしたちの食卓に美味しいものを届けてくれる昔の人たちの暮らしはどのようなものだったのでしょうか。ここでは、1855 年から 1887 年にレマン湖畔の Nyon（ニヨン）の近郊に住んでいた Urbain Olivier[4]（ウルヴァン・オリヴィエ）という農民作家が書いた小説から当時の暮らしを覗いてみたいと思います。

　彼は、両親が農業を営んでいたため、後を継いで農業家となります。途中、公職にも就きますが、農業家の生活を続けながら、79 歳でこの世を去るまで 35 の小説を書きあげます。

　さて、オリヴィエ氏がこの小説を書いた 18 世紀の後半には、イギリスで産業革命が起こり、それがヨーロッパ各地に広がり、スイスでも第二次産業革命が始まります。1850 年には、機械工業化が進展してきたというものの、労働人口の半数以上は農業従事者でした。新しい産業を求めて、

Genève などの大都市には労働者が集中しました。しかし、彼らの労働時間は1日15～16時間と劣悪なものでした。人々には、今までの環境を全く変えて、工業化の波に乗って労働者として生活を営むということにも抵抗があったのでしょうか。労働条件が改善されて、工業の労働人口が増加したのは、50年後のことでした。

　一方、大都市から離れた農村地帯では、一年を通じて農作業や酪農作業が進められていました(5)。

　春になると草抜きをして菜園の準備が始まります。料理には欠かせないジャガイモを植え始めます。ブドウは株を植え替え、伸びた芽を剪定して結実に備えます。

　晩春になると、畑を耕して麦の種まき、牧草が生育するための石膏を散布します。

　やがて、初夏が訪れると、牧草を刈り取り、庭にある果実を収穫します。ブドウ畑は排水用の溝を掘り、雨に備えます。真夏になると、小麦の穂が実り、収穫します。

　夏の終わりから初秋にかけては、ジャガイモの収穫をして、残された葉を畑で焼いて肥料にします。続いて、麻やくるみ、りんごの収穫。小麦の麦打ちとライ麦や冬小麦の種まきなどの作業を終えて、初秋になるとブドウの収穫が待っています。たわわに実ったブドウの房を摘みとり、果汁を搾って発酵させてワインを造ります。そして、一年に一度のブドウの収穫祭は大切な年中行事でした。

　また、この季節は、森で木の伐採をして、薪作りもしなければなりませんでした。

　晩秋になると冬支度が始まります。最後の牧草を刈り入れ、麦打ちもして納屋に収めます。次の牧草が育つように、牧草地には腐植土を入れます。ブドウの樹は手入れをして、畑を耕します。

　真冬になると、家畜の世話は続きますが、農作業も一段落したので、農

機具の手入れをして、女性は針仕事や麻糸や羊毛を紡ぎ、男性は木工仕事などをこなしました。こうして、春を待ちわびながら冬の季節を静かに過ごしていました。

　一年の内、日の長さが違うために、時間は夏時間と冬時間に分けられていました。夏場は、朝3時か4時に起きて、カフェ・オ・レだけを飲んで作業に出かけると、昼食前にパンとチーズ、ワインを摂りました。昼食は豚肉、ジャガイモ、野菜にワインを摂ると、作業量の多い夏場では、午後4時頃にパンとソーセージ、ワインを更に摂っています。夕食には、スープを飲み、サラダを食べてワインとチーズを楽しみ、コーヒーで締めくくりました。

　冬場は朝7時ごろに起きて、カフェ・オ・レやスープにパンを浸して食べていました。昼食までの朝の早い時間には、夏場と同じようにパンとチーズやワインを摂っていました。正午には、豚肉やベーコン、ソーセージがジャガイモや酢漬けのキャベツ、玉ねぎと煮込まれたシュークルート、あるいは豚肉と野菜の煮込みなどとワインなどをしっかりと摂りました。夕食は、冬場はスープ、ベーコン、ハム、ジャガイモ、チーズにワインが出され、食後のコーヒーで締めくくられていました。

　朝食以外に飲まれていたワインは、当時は水代わりでしたから、自分たちの農場でも造っていたワインは、朝食時以外の食事の時や農作業中にも飲まれていました。女性は食事の時だけですが、男性ならば、一日で2ℓを飲むこともあったようです。そして、白ワインよりも赤ワインのほうが、オリヴィエ氏の小説には頻繁に登場します。赤ワインは、冬場になると薬として温めて飲むこともあったようです。

　当時のワインの生産量は白が70％、赤が30％でした。白ワインは、スイスを代表するブドウ品種の Chasselas が主で、白ワインの方が赤ワインより高級とされていて、赤は Savoisien、Salvagnin（Servagnin）が主なブドウ品種でした。

　オリヴィエ氏の小説にはワインが頻繁に登場します。良い年のワインについては、それがどんなに素晴らしい出来栄えであるか、あらゆる情熱を込めて表現します。農家でのワインの販売については、良いワインを求めている人たちに対して、ユーモアとやや皮肉を込めて、彼は記しています。またある時は、結婚式などの特別な飲料としてのワインが、人生において、なくてはならない存在であることに敬意を表して、ユーモアを交えて筆を走らせています[6]。

　農業者の自給自足中心の食生活では、先に紹介したように、パンやチーズ、ソーセージやベーコンなどの食肉加工品、野菜など限られた食材を摂取する毎日の中で、飲料としてのワインの存在を考えた時、それは食欲を増進させ、心を高揚させる飲料として人々が日々、楽しんで嗜んでいたことが窺えます。

パウル・クレーの愛した味

　世界遺産に登録されているベルンの大聖堂から眺める街並みは、色合いの異なる褐色の屋根が規則正しく並んでいて、スイスの画家 Paul Klee（パウル・クレー）が残したキュービック状に描かれた色とりどりの絵画を思い浮かべてしまいます。

　クレーは、1879 年に Bern（ベルン）郊外の Munchenbuchsee（ミューヘンスブーフゼー）に音楽家の両親の間に生まれます。4 歳の頃から祖母の影響でデッサンを描いたり、11 歳になるとベルン市管弦楽団非常勤団員となりヴァイオリンの才能を発揮したりと多彩でしたが、19 歳になるとミュンヘン美術学校で教鞭をとっていた Heinrich Knirr（ハインリヒ・クニル）の画塾に入り、21 歳で晴れてミュンヘン美術学校へ入学します。

　この頃のクレーは、音楽活動を行いながら版画などの絵画制作に取り組みますが、大きな成果は得られませんでした。彼がその才能を少しずつ開

花させ始めたのは、美術館や画廊への作品出品に取り組み始めた 30 歳を過ぎてからのことです。37 歳から 3 年間は徴兵のため兵役を務めますが、40 歳を迎えてからの彼は、著名な画家としての地位を確立し、42 歳でドイツの Weimar（ヴァイマル）に設立されたバウハウス（工芸美術学校）で教鞭を執ることになります。その後、45 歳まで Weimar（ヴァイマル）のバウハウスでの生活は続きますが、チューリンゲン州政府が学校を閉鎖することを決めると、学校は Dessau（デッサウ）市に渡り、クレーは学校に留まるかどうか悩みますが、結局、バウハウスとの契約を継続して、50 歳までそこに留まります。しかし、ナチス政権によるバウハウス閉鎖がささやかれ始めると、新たにデュッセルドルフ美術学校の教授となります。

　1933 年、クレーが 54 歳の時になると、ナチス政権による芸術の弾圧が迫り、ドイツの Dusseldorf（デュセルドルフ）を逃れて、彼の生まれ故郷であるスイスの Bern（ベルン）に亡命します[7]。

　自らの芸術をナチス政権によって否定されたクレーは、失意の中、体調も優れなかったのですが、作品を残そうと制作に没頭します。55 歳になった彼は、数か月だけ料理についてのメモを残しています。そこには、故郷スイスの料理が登場し、彼の人生を癒し、励ましたレシピが登場します。温かな大麦のスープ "Gerstensuppe"（ゲルシュテンズッペ）は、じっくりと炒めた玉ねぎで作られていて、彼の残したメモには頻繁に登場しています。じゃがいもに玉ねぎ、ベーコン、チーズを加えてカリッと焼き上げた "Rösti"（レシュティ）は、彼の一番の好物であり「おいしいスイス料理」として、日記に登場します。

　クレーにとってスイスの味は幼いころから慣れ親しんだ味であり、芸術への意欲を湧き立てる力となりました。

　クレーの食卓に登場したのは、スイス料理だけでなく、彼が旅先で美味しいものとして印象に残ったヨーロッパ各地の料理も多くありました[8]。

　例えば、ベルンのマーケットでも手に入ったベルギー発祥の "Brüssler"（ブリュスラー）（チコリ）のサラダ、ハンガリー料理の牛のスネ肉の煮込み "Goulasch"（グーラシュ）、

オーストリア料理の仔牛のカツレツ "Wiener Schnitzel"。最も愛したイタ
リア料理のポルチーニ茸のリゾット "Risotto mit Steinpilzen" や温かなス
ープスパゲッティ "Spaghetti al Sugo" も登場します。

　実は、少年時代のクレーは、叔父のフリック氏が Bern の駅前で「カフ
ェ・レストラン・E・フリック」というレストランを経営していたことも
あって、頻繁に叔父の店に出入りしていました。レストランの片隅で、少
年時代のクレーは、客席を行き交う料理に囲まれながら、ひとり大理石の
テーブルに浮き彫りにされた化石の痕跡をなぞりながら、創造の世界に浸
っていたようです。

　彼が残した記述の中には、食に関することだけでなく、ワインについて
の興味深い詩が残されています。その詩は、激動の時代のヨーロッパに生
きたクレーだけでなく、民衆の誰もが最も望んだ平和を象徴するかのよう
な表現で書き記されています。

　「A と B はワインを片手に長いこと言い争ったが 互いの立場は正反対だ
った。

　ちょうどほろりとなる酔いかげんで 二人は歩み寄りを見せる。

　両方が演説に熱をこめるうち B は A の見解に A は B の見解にたどりつ
く。

　目をぱちくりしながら二人は握手する[9]。」

　パウル・クレー著、高橋文子訳『クレーの詩』（平凡社 2004.1）より

　彼の創作の環境は料理やワインと共に育まれ、それは、彼の生涯の中で、
人生を豊かにし、芸術の発想を膨らませる上で、なくてはならないものと
なっていきました。

　スイス亡命から 2 年後のこと、皮膚硬化症の病がクレーを襲い、子ども
の頃から大好きだったヴァイオリンを奏でることもなくなり、制作の点数
もめっきりと少なくなりました。

　1937 年に、ドイツ国内で、ナチス政権がクレーの作品 102 点を退廃芸術

として没収すると、彼は最後の力を振り絞って作品の制作に没頭します。なんと 1939 年には、最多の 1,253 点を制作したのでした。しかし、この翌年に病状が悪化してクレーは 60 歳の生涯を閉じたのでした。

それから 20 年後の 1960 年。ドイツでは、ノルトライン＝ヴェストファーレン州知事が、州議会の反対を押し切り、アメリカ人コレクターよりクレー作品 88 点を 6 億円で購入して、州の美術館に展示しました。

スイスでは、2005 年にベルンの郊外にパウル・クレー・センター（Zentrum Paul Klee[10]）が、ベルン市と彼の遺族の協力、また、民間からの寄付もあり建設されました。このセンターには、クレーの残した作品 9,500 点の内、4,000 点が納められています。

スイスに生まれ、ドイツで芸術家として開花し、亡命後にスイス国民としての市民権を望んだクレーの心には、芸術も料理もワインにも国境はありませんでした。平和だけを望んで、ただひたすら絵を描き続けたクレー。最後に残された真実は、戦時中に退廃芸術としての刻印を押された彼の作品の数々が、今は各地で安らぎの場所を得て、わたしたちの目の前に大きなメッセージとなって復活を遂げたことです。

オードリー・ヘップバーンのレシピとスイスワイン

スイスでは、冬の寒い時期になると、鍋にたっぷりと注がれたコンソメスープにフォンデュ用フォークですくった薄切り牛肉をくぐらせて、玉ネギやニンニクをたっぷりと効かせた完熟トマトソースやマヨネーズにサワークリームを合わせて、チャイブやニンニクを混ぜ合わせたガーリックソース、マヨネーズにプレーンヨーグルト、マンゴやリンゴ、レーズンをアクセントにしたカレーソースなど、家庭ごとに工夫を凝らしたソースと楽しむ日本のしゃぶしゃぶを彷彿とさせるチャイニーズ・フォンデュは、食卓で人々の心を和ませます。

　今は亡き往年の大スターだった Audrey Hepburn も、冬の寒い時期に
は、このチャイニーズ・フォンデュを、愛読していたアメリカの伝統的料
理本『The Fannie Farmer Cookbook[11]』のレシピに沿って、沢山の野菜
や仔牛肉、鶏肉などからコンソメスープをひいて作っていました。

　彼女の息子であるルカ・ドッティ氏の著書『オードリー at home[12]』に
よると、オードリーはマヨネーズを必要とするソースについては、軽めの
ソースを好んだため、生卵は使わずにゆで卵の黄身、ヨーグルト、しぼり
たてのレモン果汁数滴、塩、コショウをフードプロセッサーにかけて作っ
ていました。このソースを基礎にすると多くのアレンジソースが作れたこ
とをオードリーは知っていたようです。そこから広がる料理の楽しみを彼
女はワインと共に楽しんでいました。

　彼女は、1965年にスイスの Morges 近郊の Tolochenaz 村に美しい庭に
囲まれた終の棲家を購入します。映画の撮影が終わると、彼女はここに戻
り、自ら市場に出かけて行って、食材を購入しては、料理の腕を振るいま
した。

　ワインは、乾杯からシャンパーニュではなく、地元 Morges のスイスワ
イン。白なら Chasselas を赤ならば Pinot Noir を食前の時から楽しんだよ
うです。

　大晦日の食卓のためには、オーブンで焼いたジャガイモにサワークリー
ムとスモークサーモンの細切り、少量のチャイブを載せた「ベイクドポテ
トのサーモン添え」を作りました。

　これらの料理と共にスイスワインを囲んで、友人たちとの親交を深めて
いたオードリーの食卓は、シンプルでしたが、とても真心のこもった手料
理として友人たちを楽しませていました。

　牛肉を160℃のオーブンで5時間以上もかけて調理する「ブフ・ア・
ラ・キュイエール」やシチューには、惜しみなく Morges の Pinot Noir を
オードリーはふんだんに使いました。

彼女は、1929 年にベルギーの Brussels（ブリュッセル）に生まれてから、両親の離婚によって愛する父とも別れ、第二次世界大戦という戦火を潜り抜け、バレーダンサーを夢見た少女時代を経て、1953 年に 25 歳の若さで『ローマの休日』（Roman Holiday）で大スターの地位を得てから、2 度の結婚と離婚を経験し、2 児の息子の母となり、女優としての仕事を続けながら、生涯を Tolochenaz（トロシュナ）村で過ごします。1945 年、母と共に飢餓状態の中、オランダで終戦を迎えたオードリーは、ユニセフ（UNICEF）の前進である UNRRA（United Nations Relief and Rehabilitation Administration：国連救済復興機関）に食事をもらったことで救われたことを生涯忘れてはいませんでした。

　1959 年に 30 歳で出演した『尼僧物語』（The Nun's Story）では、コンゴでの看護活動を望んで着任するも病に侵され、祖国ベルギーに戻された尼僧の役を演じるのですが、その後のユニセフの彼女の活動と重なっていく運命的な出会いが後に訪れます。

　1970 年の 12 月に女優の Julie Andrews（ジュリー・アンドリュース）が司会を務める『A World of Love』というユニセフの特別番組に出演します。これがきっかけとなって彼女のユニセフでの活動が始まります。1988 年には、彼女はユニセフの親善大使となり、「これは犠牲ではありません。わたしが授かった贈物です[13]。」と死の前年の 1992 年まで活動が続けられます。

　彼女のユニセフでの活動が始まったころ、「子ども健康革命」を提唱していたユニセフでは、水に砂糖と塩を溶かして飲ませる ORT（Oral Rehydration Therapy：経口水分補給療法）を広めて、病弱な子供たちの脱水症状の治療に効果を上げています[14]。オードリーは、この療法を広めることが自らの務めであると、身を削って活動に取り組んでいたようです。彼女のレシピ本には、この水が"奇跡のレシピ[15]"として紹介されています。

　活動を終えた最後のソマリアからスイスに戻ったオードリーは、翌年の 1993 年 63 歳の若さでその生涯を閉じます。彼女が生涯をかけて愛した安

住の地スイス。彼女が Tolochenaz<ruby>トロシュナ</ruby> 村で地元のスイスワインと共に楽しんだシンプルで温かな食事のレシピの数々は、当時からも、そして、彼女が天国へ旅だった後も、生きる力と共に多くの知恵をわたしたちに授けてくれています。

スイスの郷土料理

　スイスは、ドイツ、イタリア、フランス、オーストリアの4つの国に囲まれています。ドイツ語、フランス語、イタリア語、ロマンシュ語という4つの言語圏では、隣接した国々の影響を受けながらも、それぞれに独自の文化を育んでいます。

　チーズフォンデュやラクレットなどは、日本でも海外でも、馴染み深いスイス料理の定番となっていてスイス全土でも食べられていますが、各地には、ワインと共に独自の文化に育まれた料理があります。

スイスのドイツ語圏

　卵と小麦粉と塩を合わせた生地を、お玉杓子のような形をした専用の穴あき器を使ってお湯の中に落として作るショートパスタ「シュペッツリ（Spätzli）」は、お肉やお魚に添えられて食べるだけではなく、ハーブや野菜、チーズを使ったソースなどで、食べられています。

　ジャガイモの細切りをフライパンでカリカリになるまで焼いた「レシュティ（Rösti）」は、中に様々な具材を入れてアレンジができるので、ドイツ語圏では、とてもよく食べられています。

　これらの料理は、白の Müller-Thurgau<ruby>ミュラー・トゥルガウ</ruby> や Räuschling<ruby>ロイシュリング</ruby> と共に楽しまれています。

　チューリヒ州では、薄切りの仔牛肉をマッシュルームと一緒に濃厚なクリームソースで煮込んだ「ゲシュネツェルテス（Geschnetzeltes）」は赤の

111

ブラウブルグンダー
Blauburgunder と楽しまれています[16]。

　ベルン州の「ベルナープラッテ（Berner Platte）は、牛や豚の肉の塊、ソーセージ、ベーコンなどを酢漬けのキャベツ、乾燥豆と一緒にジュニパーベリーのスパイスを入れて炒めた玉ねぎとスープ、白ワインで煮込んだポトフのような料理です[17]。赤の Gamaret、Blauburgunder などと相性が良いようです。

　グラウビュウデン州の「カプンス（Capuns）」は、スイスチャードの葉に、玉ねぎ、ベーコン、ハーブ入りの小麦粉の餡を巻いて、クリームソースとチーズをトッピングして焼き上げた料理です。白の Riesling、赤のBlauburgunder と共に楽しまれています。

　山岳地帯に伝わる保存食としては、グラウビュンデン州の「ビュンドナー・フライッシュ（Bündnerfleisch）」やヴァレー州の「ヴァリサー・トロッケンフライッシュ（Walliser Trockenfleisch）」のドライビーフがあります[18]。地元では、パンにたっぷりのバターとドライビーフを載せて、赤のPinot Noir などと楽しみます。

スイスのフランス語圏

　ヴォー州では、食前酒で Chasselas を楽しむ時に頻繁に登場するのが「フルート（Flûtes）」という長いスティックパイです。その歴史は定かではありませんが、食前酒の定番のおつまみです。

　また、ヴォー州のチーズ料理「マラコフ（Malakoff）」は、すりおろしたチーズ、卵、小麦粉、ガーリックなどを加えてペースト状にした種をパンに載せて油で揚げた料理で、クリミア戦争でマラコフ砦を征服したヴォー州の傭兵を称えて考案されたメニューとも伝えられています。地元では白の Chasselas と共に楽しまれています[19]。

　「フィレ・ドゥ・ペルシュ（Filet de Perche）」は各地の湖で獲れるヨーロピアンパーチをフライやムニエルにした魚料理で、地元ではたっぷりと

レモンを絞って、フライド・ポテトを添えて食べる料理です。白のChasselas（シャスラ）と合わせて楽しまれています。

フィレ・ドゥ・ボンデール

ヌーシャテル州の周辺の湖の魚料理「フィレ・ドゥ・ボンデール（Filet de Bondelle）」は、魚のムニエルあるいは燻製の料理です。ムニエルならば白の Chasselas（シャスラ）を燻製ならばロゼの Oeil-de-Perdrix（ウイユ・ドゥ・ベルドリ）との相性が抜群です。

ヴォー州のソーセージを炒めた西洋ねぎと玉ねぎにブイヨン、クリーム、白ワインを入れたピューレ状のソースと共に合わせて食べる「パペ・ヴォードワ（Papet Vaudois）」は、白の Chasselas（シャスラ）、赤の Salvagnin（サルヴァニャン）などと楽しまれています[20]。

スイスのイタリア語圏

ティチーノ州では、子牛のすね肉と野菜、キノコのトマト煮込み「オッソ・ブッコ（Osso Bucco）」やトウモロコシで作るペースト「ポレンタ（Polenta）」、「リゾット（Risotto）」、「ニョッキ（Gnocchi）」などイタリアと共通する料理が多く楽しまれています。ワインは Merlot（メルロー）の赤、白、ロゼと共に楽しまれています。

スイスのチーズに秘められた物語

　チーズは、紀元前 7000 年ごろ、農耕文明が発達したメソポタミアからシリア、パレスチナの肥沃な三日月地帯が発祥の地とされ、その後、トルコを経て地中海沿岸からギリシャ、ヨーロッパの全域へと広がっていきました。日常の食卓にチーズが欠かせなかったギリシャ人たちの華やかな時代に代わって、ローマ人たちにその食文化は引き継がれます。

　スイスでは、先住民族であるヘルウェティ族とローマ人の 500 年にも及ぶ攻防の日々が始まるのですが、最後には、ローマ人たちは、ヘルウェティ族に彼らの土地を守らせることでローマ化を進めます。実は、このヘルウェティ族は何世紀にも亘って培った農業と酪農の技術に長けていて、古くから自分たちの作ったチーズを現在の Marseille 経由で Roma に輸出していました。

　ひとつ重要なことは、ヘルウェティ族の定住地であったボーデン湖畔の Arbon は、ローマ人との交易ルートの拠点地だったため、彼らのチーズの技術が後世に引き継がれ、9 世紀には、近くの St.Gallen の修道院には荘園から多くのチーズが納められ、10 世紀には、修道院が Appenzell の広大な土地を管理することから、アッペンツェラーチーズが産まれました。11 世紀には年間の税金の 10 分の 1 がチーズ 2000 個以上となって納められたそうです[21]。

　この山岳地帯のチーズ作りは、市場価値が高いので、13 世紀にはドイツ、オーストリア、フランスでも大いに奨励されました。

　14 世紀には、スイスのグリュイエールチーズの評判が広まり、船でレマン湖からローヌ川を抜けて、地中海から各地へ運ばれました。

　15 世紀には、このグリュイエールチーズの交易に注目していたベルン州が、徐々に Gruyères の高地の権利を取り上げたり、エンメ谷に山岳チーズ職人を住ませてチーズ作りを奨励したりしました。その結果、あの巨大

な円形のエメンタールチーズが産まれました。

　スイスワインと共に楽しまれているスイスチーズは、ヘルウェティ族の優れた農業と酪農の技術力とその努力により、その基礎が築き上げられました。例えば、スイスでの樹木開拓は紀元前 2500 年頃からですが、現在のように干し草が飼料にできるようになったのは、紀元前 1000 年の終わり頃とされています。彼らの開墾の力と知恵によって、森林は切り開かれて牧草地が作られるようになったのです(22)。

　現在、スイス人一人当たりのチーズの年間消費量は 21kg で、常に食卓には欠かせない食品です。2017 年には、スイス国内で約 189,000 トンが製造されました。その内の約 40％は、世界に向けて輸出されています(23)。

　その栄養価ですが、チーズには、わたしたちの体を支えるための栄養素である良質のたんぱく質や脂肪、カルシウム、ビタミンが多く含まれています。

　たんぱく質は体内でインシュリンや成長ホルモンを作り、酵素としての役割を果たし、体内の抗体を形成します。チーズにはたんぱく質と共に体内では生成できない必須アミノ酸も多く含まれています。チーズに含まれている脂肪は、牛がアルプスの草を豊富に食べていることにより、多価不飽和脂肪酸が多く含まれていますので、速やかに体内に消化吸収されるため、太りにくいとされています。

　カルシウムは、骨の形成だけでなく、神経や血圧のバランスを調整するのに必要な栄養素です。例えば、成人一人当たりの一日の摂取必要量は、約 1000mg とされていますが、ハードチーズならば 30g、ソフトチーズならば 60g を摂取するだけで必要量が賄えます。

　ビタミンはビタミン C を除くすべてのビタミンが含まれていて、皮膚や粘膜の保護に役立つビタミン A や疲労回復の働きがあるビタミン B2、神経機能を維持するビタミン B12 などが特にチーズには多く含まれています(24)。

これだけの栄養素を備えたチーズはスイスに約 450 種類あります。牛の種類、飼料、気候、乳脂肪分の含有量、チーズ菌の培養、熟成の種類など、さまざまな要素によって、それぞれのチーズの特性が生まれます。

　チーズのタイプは、エメンタラーやスブリンツなどの超硬質チーズ。グリュイエールやレティヴァなどのハードチーズ。ラクレット、アッペンツェラー、テット・ドゥ・モアンなどのセミハードチーズ。ヴァシュラン・モン・ドールやトム・ヴァードワーなど、低音殺菌した牛乳から作られる含水率 50％のソフトチーズがあります。ここでは、スイスの代表的なチーズをいくつか紹介します[25][26]。

Appenzeller®（アッペンツェル州、ザンクト・ガレン州とトゥルガウ州の一部）

　　700 年以上前から 20 世紀初頭までザンクト・ガレンの修道院に納められていたセミハードチーズです。Sulz というハーブの塩水に浸して表面をリンゴ酒や白ワインで磨きながら 3 〜 8 か月熟成しているので、独特の風味があります。

　　おすすめのワイン：Fendant（白）、Heida（白）、Petite Arvine（白）

　　＊Die Appenzeller Schaukäserei アッペンツェラーチーズ製造所の見学

　　https://www.schaukaeserei.ch/en

Emmentaler A.O.P.（ベルン州、スイスのドイツ語圏北部から中央地区）

　　12 世紀からエンメの谷周辺で作られている直径約 1m、重さは 75 〜 120kg の巨大な超硬質チーズで、1 個に対して約 1200 ℓ の牛乳が使われます。8 か月の熟成中に発生する炭酸ガスでできる穴が特徴です。

　　おすすめのワイン：Chardonnany（白）、Pinot Noir（赤）

　　エメンタールチーズ製造所の見学

　　＊Emmentaler SchauKäserei AG

　　https://www.bern.com/de/detail/emmentaler-schaukaeserei

L'Etivaz A.O.P.（ヴォー州）

ヴォー州の山岳地帯にある 100 以上の牧草地から集めた新鮮な牛乳で、5 月から 10 月にかけて大鍋を使って作られる伝統的なチーズです。牧草地によって異なるハーブを食べた牛たちの濃厚な牛乳と大鍋を焚くエピセアの薪火が醸し出す香りが重なったハードチーズは、5 か月から 13 か月熟成されます。夏の生産量は最も多く、400 トンのチーズが作られます。

おすすめのワイン：Merlot（赤）、Humagne Rouge（赤）

＊La Maison de L'Etivaz ラ・メゾン・ドゥ・レティヴァ：地区の生産者組合の貯蔵庫の見学

https://www.chateau-doex.ch/en/P9813/maison-de-l-etivaz

La Tomme Vaudoise（ヴォー州、ジュネーヴ州）

17 世紀にスイスのジュラ州ジュー湖周辺のシャレーで初めて作られてから、このソフトチーズはハードチーズに代わって食卓にのぼるようになりました。現在では、ジュネーヴとヴォー州の 500 以上の酪農家の牛乳で生産されるようになりました。直径 8cm、高さ 2.5cm のチーズ 1 個には 0.8ℓ もの牛乳が使われます。1 週間の熟成後に白カビで覆われたソフトチーズは濃厚な味わいがあります。

おすすめのワイン：Chasselas（白）、Oiel de Perdrix（ロゼ）

Sbrinz A.O.P.（スイスのドイツ語圏、中央地区）

チーズの名称はチーズの交易で栄えた Brientz に由来します。1530 年頃には、商人たちはこのチーズを持って、Meiringen、Grimsel、Griess を通ってイタリアへ辿り着くと、塩とワインに交換したそうです。18 〜 36 か月熟成された濃厚な味わいの超硬質チーズです。

おすすめのワイン：Chasselas（白）、Syrah（赤）、Cornalin（赤）

Le Gruyère® A.O.P.（フリブール州、ヴォー州、ヌーシャテル州、ジュラ州、ベルン州の一部）

1115 年から伝統的な製法が現在まで受け継がれているハードチーズは、

既にその時代からフランスやイタリアに流通していました。1655年には、チーズの発祥地の地名 Gruyere（グリュイエール）が正式に名称となりました。18世紀から19世紀にかけては、フリブール州の住民移住が盛んになり、他の州へ移住したため、生産がフリブール州以外にも広まりました。エピセアの木の板に置いて5か月から18か月熟成されます。

おすすめのワイン：Salvagnin（サルヴァニャン）（赤）、Dôle（ドール）（赤）

＊La Maison du Gruyère ラ・メゾン・デュ・グリュイエール：チーズ製造所の見学

https://gruyere.com/jp/

Tête de Moine A.O.P.（テット・ドゥ・モアン）（ジュラ州）

「坊さんの頭」という意味の名称のセミハードチーズで、表面を専用のジロールで削ると花びらのような形になります。1136年に開かれたベルレー修道院に由来するチーズで、別名 "Fromage de Bellelay" とも呼ばれています。専用の削り器「ジロール」を使って削ると花びらのような形になって食卓を華やかに演出してくれます。

おすすめのワイン：Chasselas（シャスラ）（白）、Oiel de Perdrix（ウイユ・ドゥ・ペルドリ）（ロゼ）

＊La Maison de la Tête de Moine ラ・メゾン・ドゥ・ラ・テット・ドゥ・モアン：チーズ博物館

https://www.maisondelatetedemoine.ch/fr/maison

Tilsiter（ティルジット）（トゥルガウ州、チューリヒ州、ザンクト・ガレン州）

このセミハードチーズは、1893年にチーズ職人の Otto Wartmann（オットー・ヴァートマン）が東プロイセンの Tilsit（ティルジット）からトゥルガウ州 Bissegg（ビセック）に製法を持ち帰って、村でチーズを作り始めたことがきっかけとなって、今もその製法が引き継がれています。製品には緑、赤、黄色の3つのラベルがあり、緑のラベルは低温殺菌乳で作られていて、まろやかな味。赤のラベルは新鮮で濃厚な牛乳から作られたスパイスの効いた味。黄色のラベルは、低音殺菌乳にクリームが加えられているので、更に濃厚な味わいです。

　　おすすめのワイン：ブラウブルグンダー（赤）

Raclette（ラクレット）（スイス全土の山岳地帯）

　　フランス語の削るという言葉 "Racler" のとおり、チーズの表面を温め
て削り取って食べるスイスの名物料理「ラクレット」専用のセミハード
チーズです。オブヴァルデンやニドヴァルデン州の修道院に残る古い書
物によると、ウイリアム・テルが、火であぶって削り取ったチーズ料理
を既に食べていたという記録があるそうです。この素朴な調理方法は広
まらず、20 世紀になってから専用の電気オーブンが発明されて、この
頃チーズの名称もつけられました。

　　おすすめのワイン：Fendant（ファンダン）（白）＊ヴァレー州でのシャスラワインの名称

Vacherin Mont-d'Or A.O.P.（ヴァシュラン・モン・ドール）（ヴォー州ジュー渓谷周辺）

　　フランスとスイスの国境にある標高 1463m のモン・ドール（黄金の山）
の渓谷一体で、100 年以上前から作られています。熟成期間が 17 日か
ら 25 日という短い期間のソフトチーズですが、熟成時にチーズの周り
に巻き付けられる薄板や棚板、木箱のすべてにエピセア（オウシュウト
ウヒ）が使われているので、独特の風味があります。

　　おすすめのワイン：Petite Arvine（プティット・アルヴィン）（白）、Amigne（アミーニュ）（白）

Formaggio d'alpe ticinese A.O.P.（フォルマッジオ・ダルペ・ティッチネーゼ）（ティチーノ州）

　　牛乳あるいは山羊乳の混合で作られるセミハードチーズです。12 世紀
の文献にティチーノ州の山岳地帯のことが描かれていて、このチーズが
登場します。エピセアやメレーズ（カラマツ）の板に載せて最低 60 日
から一年まで熟成させます。

　　おすすめのワイン：Bianco del Ticino（ビアンコ・デル・ティチーノ）（白）

＊A.O.P.（Appellation d'Origine Protégée）の略。スイス連邦農業庁認定
による「原産地名称保護表示」。

　　最近、日本でもチーズ専門店やスーパーマーケットでスイスのチーズが
多く見かけられます。例えば、ラクレットやヴァシュラン・モン・ドール

など、熱を加えてチーズを溶かして食べるときに生野菜、温野菜やキノコなどを添えて食べると、豊富なビタミンの摂取もできます。スイスの大自然を切り取った香りと味わいが食卓に広がると、そこはもうスイスアルプスの世界です。ワインと共に、そのひとときに心癒される時間が続きますように。

【註・参考文献】
(1) 森田　安一著『物語スイスの歴史』中央公論新社．2000.7, pp.8-9
(2) カエサル著、國原吉之助訳『ガリア戦記』講談社．1994.5, pp.11-36
(3) 古賀　守著『ワインの世界史』中央公論新社．1987.12, p.102
(4) Urban Olivier（1810-1888）: スイス、Vaud 州 Nyon 郊外の Eysins で敬虔なプロテスタントの両親のもとに生まれて、両親の後を継いで農業者となった。1860 年から 1888 年 Nyon 郊外の Givirins で亡くなるまでに、農民生活を聖書にある精神的リアリズムを用いて、独自の視点で描いた小説を 35 点発表して民衆の共感を得た。
(5) 林正徳著『ジュネーヴの食卓』農林統計協会．2005.5, pp.114-124
(6) Urban olivier "Un Français En Suisse: Nouvelle" Samizdat,1995
(7) 『没後 50 年記念パウル・クレー展』産経新聞社．1989, p.231
(8) 林綾野、新藤信、日本パウル・クレー協会編著『クレーの食卓』講談社．2009.3, pp.98-125
(9) パウル・クレー著、高橋文子訳『クレーの詩』平凡社 2004.1, p.54
(10) パウル・クレー・センター．スイス政府観光局
　　 https://www.myswitzerland.com/ja/experiences/zentrum-paul-klee/
(11) 1857 年ボストン生まれのファニー・メリット・ファーマーは、30 歳でボストン料理学校に入学し、その二年後には校長に就任。その後も自らの料理学校を開設して、教鞭を執った。病弱だった頃の経験を活かして執筆した彼女の料理本は、料理のレシピに止まらず、食品の保存方法、栄養、調理の際の化学反応など多岐にわたった内容であった。今までにない料理本は彼女の生涯にアメリカで 400 万部のベストセラーとなり、現在も、改訂版が出版されている。
(12) ルカ・ドッティ、ルイージ・ピノーラ著「オードリー at home」フォーイン スクリーンプレイ．2016.6, p.127
(13) AUDRREY'S WORDS 愛される人になるための 77 の言葉　光文社 2016.1, p.135
(14) 「経口補水塩 ORS 誕生物語」（UNICEF 基礎講座第 9 回）『Teachers'Network 通信』P.3
(15) 『オードリー at home』p.241 に、奇跡のレシピ─経口水分補給療法「砂糖小さじ 8 杯（100g）と塩小さじ 1/2 杯（0.5g）を飲み水 1ℓ に溶かす。」と紹介されている。
(16) Mit Rezepten von Peter Bücher und Texten von Patrick Werschler. Traditionelle Schweizer Rezepte. AT Verlag, 1994, pp.22-23

(17) La Suisse Gourmande: Pro Gastronomia, une Foundation Nestlé1992, pp.76-77

(18) スイス政府観光局編『スイスの味めぐり』Gastronomy Experience』2006.3, p.5

(19) La Suisse Gourmande: Pro Gastronomia, une Foundation Nestlé1992, pp.20-21

(20) Ibid, pp.60-61

(21) ポール・キンステッド著、和田佐規子訳『チーズと文明』築地書館株式会社 2013.6, pp.206-208

(22) 同著、pp.209-210

(23) Fromage Suisse,Switzerland Cheese Marketing
https://www.fromagesuisse.ch/

(24) NPO 法人チーズプロフェッショナル協会監修『世界のチーズ図鑑』株式会社マイナビ 2015.9, pp.188-189

(25) スイス政府観光局編『スイスの味めぐり Gastronomy Experience』2006.3,pp.10-15

(26) Fromage Suisse,Switzerland Cheese Marketing
https://www.fromagesuisse.ch/

☕ひとこと　―チーズが叶えた恋―

　スイスには、チーズにまつわるこんな伝説が残されています。

　エメンタールに昔、貧しい牛飼いの青年が住んでいました。彼は、裕福な農家の美しい娘に恋をしていました。青年は彼女の父親に、いかに自分が彼女にふさわしい人間であるかをどうやったら証明できるのかを毎晩考え続けましたが、良い知恵が浮かんではきませんでした。

　ある晩のことです。青年が夕食の支度を終えた頃に、山には激しい嵐が吹き荒れて、雷が鳴りやみませんでした。すると、誰かが青年の住んでいる牛小屋の扉を激しく叩く音がしました。青年は夕べのお祈りを忘れていたことに気が付きましたが、急き立てるように扉を叩く音が続きます。青年は恐る恐る扉を開けました。その時です。恐ろしい形相をした山の幽霊がそこには立っていました。そして、ものすごい勢いで部屋に入ると、瞬く間に夕食をたいらげてしまい、帰り際に青年の手に一枚のメモを残していったのです。

　青年が気を取り直してメモに書いてあることを見てみると、そこには、牛乳を使った何かのレシピが書かれていました。そこで、そのレシピに沿

ワイン生産者のお祭り（Fête des vignerons 1999）でチーズを運ぶ生産者たち

って、牛乳を大鍋にかけて、材料を加えながらかき混ぜると、そこには白い大きな塊が浮かび上がってきました。それを大鍋から取り出すと、背中に担いで、娘の住む農家へと向かいました。

　娘の父親は、すぐにその白い大きな塊を見ると、さっそく切って食べてみました。すると、そのおいしいこと。牛飼いの青年が一家の稼ぎ手となることを確信して、娘との結婚を認めたそうです。

典拠：Schweizerische Eidegenossenschaft.Die Schweiz entdecken "Käsesagen: Der verliebte Emmentaler"

第9章　スイスの農業とワイン

日本でワインプロモーション中の Catherine Cruchon さん
（2018.4）

ワイン市場の自由化がもたらしたもの

2017年のスイスワインの収穫量は、連邦政府農業庁の統計によると、791,790hlで、八月にブドウ畑が雹の襲来を受けるなどの被害があり、昨年より26%の減少がみられました[1]。

OIV（国際ブドウ・ブドウ酒機構）の統計によると、2017年の他のヨーロッパ主要国でのワインの収穫量は、イタリア4,250万hl、フランス3,670万hl、スペイン3,210万hl、ドイツ770万hl、ギリシャ260万hl、オーストリア240万hlとヨーロッパ全土で平均すると、やはり異常気象のために平均で14%の減少となっています[2]。

このように希少ワインの産地であるスイスは、他のヨーロッパ諸国に対して自国のワインをどのように市場に売り出せばよいのかを長年に亘って模索していました。

スイスといえば、聳え立つアルプスの山々や美しい湖、そして、のどかな牧草地帯を思い浮かべる方が多いと思います。国土面積は $41,285km^2$ と日本の九州地方と同じくらいの広さに当たりますが、その24%が農地として利用されていて、さらにブドウ栽培は僅か約1.5%の農地で生産されています。この希少な生産物であるスイスワインのブドウにとって良好な条件を生みだしている標高の高さや畑の傾斜は、作業従事者にとっては、過酷な労働条件であり、そこに人件費なども加わるため、生産の原価は決して安価なものではありません。生産量も少なく、ワインの大半が国内で消費されるスイスワインが国際的に注目を浴び始めたのは、GATT・ウルグアイラウンド以降の2001年頃からのことです。連邦政府は、ワイン市場の自由化を進めました。

スイス国内でブドウを生産している約33,000件の内、22%が会社組織としてのブドウ生産者で、残りの88%は個人生産者と、小規模生産の農家が多いことが分かります。この小規模生産の農家は、古くからのブドウ品種

を守り続け、ワインを製造して国際市場へと販路を徐々に広げていきました。その結果、市場の自由化後のワイン生産量は減ったものの、金額は増加しました。

　市場の自由化は、農地にも変化をもたらしました。投資目的で土地所有をしていた資産家たちは、土地価格の暴落を恐れて、土地を手放したため、農地は約三分の一の価格に収まり、ワイン生産者にもメリットをもたらしたのです。

　スイスのワインが、市場で低価格で販売されている大量生産のワインと異なるのは、全般的に畑の標高が高く、急斜面での作業など、厳しい環境下での生産を強いられていることです。

　例えば、カリフォルニアやオーストラリア、チリなどの畑での年間労働時間は、1ha あたり 100 〜 200 時間であるのに対して、スイスは 700 〜 1,100 時間で、価格に換算すると前者が 5,000 〜 10,000 スイスフランであるのに対し、後者は 35,000 〜 50,000 スイスフランに相当します[3]。

　その畑には、スイスのワインで最も親しまれている Chasselas や Pinot Noir、Gamay、Merlot だけでなく、ローマ時代からの流れを汲むブドウ品種やスイスで品種改良されたブドウ品種を含めて現在では約 250 種類（生産を担う主な品種は約 90 種類）ものブドウが植えられています。

　このように、厳しい労働環境を丁寧なワイン造りに繋げ、珍しいブドウ品種を備えて、他国に類を見ない独自のワインを生産するスイスは、今まさに国際ワイン市場での新たな地位を確立しようとしています。

次世代のワイン醸造家

　高級時計の生産地として名高いスイス北部にあるヌーシャテル州では、温泉地のある Yverdon から西に広がるヌーシャテル湖と隣接したビール湖周辺に多くのワイン産地が点在していて、スイスワイン総生産量の約 5％

がこの地で生産されています。

　1648 年、スイスは 30 年戦争の終結後、神聖ローマ帝国からの独立を果たします。この頃から、ヌーシャテル州では、ブドウ栽培の保護や生産技術の向上のために、それらを推進する団体設立を願う動きがあり、1687 年にはヌーシャテル・ヴィネロン協会（Compagnie des Vignerons de Neuchâtel）がワイン生産者や貴族たちによって設立され、天候による不作など、生産上で起こりうる多くの問題に目を向け、生産の保護と支援のシステムが確立され、300 年以上を経た現在も、この団体の活動は続けられています。

　この歴史あるワイン産地に 1614 年にドメーヌを開設した生産者 Valentin は、現在は、Nicolas Ruedin 氏がワイン造りを継承しています。父の Jean-Paul 氏が 2006 年に日本と中国への輸出を始めてから、6 回の来日で、毎回、ワインの輸入元と共同して地道なプロモーションを展開し、10 年後には生産量の 5% を海外の市場に出荷できるようになりました。

　次に彼が経営者として摸索していることは、ブドウ畑での生産性を高めることにあり、ドローンを畑に導入して、天敵製剤である生物農薬を散布したり、搭載したカメラで畑の監視を行ったりと、労働力の合理化を図ろうとしています。

　また、生物農薬を使用することで、連邦政府の農業庁の方針でもある生物多様性保全計画である環境保護政策は、植物の自生能力を高める効果もあり、経済的な側面からワイン生産者に大きなメリットをもたらすと彼は考えています。

　2017 年以降、世界各地で農業用ロボットの実用化に向けて開発が進められています。降水量や日照時間、気温の変化、土壌の状態やブドウの糖度などの畑のあらゆる情報を計測センサーが集積して、人工知能により分析することで、リアルタイムな作業指示が確保され、畑での技術革新につながるだけでなく、ロボットなどを導入すれば、経営者は収穫期も含めて流

動的な労働力の確保に悩まされることはなく、安定した労働環境の定着は、消費者に高品質のワインを安価で届けられるようになります。

　スイスのワイン生産者は、ヨーロッパや世界のワイン市場での生き残りをかけて、技術革新からマーケティングに至るまで、様々な取り組みを行っています。次に紹介するふたつの生産者は、先代から引き継いだ農法を大きく方向転換して、ビオディナミ農法を導入しました。彼らがどのようにして、そのワイン造りに行き着いたのかを紹介します。

自然に還るワイン造りを目指す人たち

　スイスの西部、国連や赤十字などが軒を連ねる国際都市 Genève から、レマン湖畔沿いに列車を走らせると、急斜面に延々と続くブドウ畑の風景が見えてきます。

　また、時折、中世からの面影を偲ばせる古城や古い教会が通り過ぎる町の中に凛として建っているのが見えます。

　ここは、隣接したヴァレー州に続いて、スイス第二のワイン生産量を誇るヴォー州で、2007 年に世界遺産にも登録されているブドウ畑があることでも有名な州です。あの名女優オードリー・ヘップバーンが晩年を過ごした Tolochenaz 村も同じ地域にあり、彼女もこの地区のワインをこよなく愛していました。

　さて、Féchy に 16ha の畑を持ち、年間 15 万本のワインを生産している Domaine La Colombe は、Raymond Paccot 氏を中心とする家族経営のワイナリーで、伝説の料理人 Frédy Girardet 氏との交流の中で、その味わいを育んできた銘醸ワイナリーでもあります。

　1917 年、先祖代々サヴォア公に仕えていたパコ家は、長年のワイン造りの技術を活かして、Féchy にドメーヌを開業します。この年、ロシアでは革命が起こり、スイスに亡命中のレーニンは亡命中のスイスから列車を仕

立てて、本国ロシアに帰国しています。一方スイスの首都ベルンでは、スイス政府観光局が設立されて、世界の旅行者に向けて旅行情報が配信され始めた年でもあります。それから 61 年後の 1978 年、スイスは第一次大戦後から目覚ましい経済成長を遂げていました。

　高校の数学教師として活躍していた現在の当主レーモン氏は、稼業のワイナリーを父親から引き継ぎます。その頃は、どこのブドウ畑でも同じように化学肥料を用い、多くのブドウを実らす農業が一般的なスタイルでした。しかし、いつも疑問を抱いていた彼は、悩み続けます。当時のスイスは、ヨーロッパでは環境保全型農業の先駆者的存在でもあり、有機農業のガイドラインが整備され、スイス国内小売市場を二分する大手スーパーのミグロやコープも製品への有機表示導入に積極的な意欲を示している変革期でもありました[4]。

　1999 年、レーモン氏は日本人の福岡正信氏の著書『わら一本の革命』（La révolution d"un seul brin de paille）との出会いは、レーモン氏に大きな変化をもたらします[5]。

　著者の福岡正信氏は、大正 2 年、高知県の生まれで、大学卒業後に故郷の農業試験場の職員となりますが、生死の境を彷徨う病がきっかけとなり、自然農法へと悟りを開きます。それ以来、農業試験場を退職して、山中でひとり、作物の生育を研究して、1 冊の本を書き上げます。昭和 47 年には、この本が出版されて、2 年後には英語版が出版されると、世界中で、この本が脚光を浴びるようになり、なんと 29 か国で出版されるようになります。

　福岡氏は、1980 年代には、国連からの依頼で、アメリカ、アフリカ、インド、ヨーロッパ諸国を拠点に、数十種類の種を混ぜた粘土団子を砂漠に撒いて、緑化を進める運動に参加しました。その活動は、大きな成功を収めて、世界での反響は加速します。

　レーモン氏は、この本に出会い自然農法への使命を強く感じたと言いま

す。同時に、迷いはなく、進むべき一筋の道を選ぶことを決めました。彼は早速、フランスのロワールにある Domaine de Château-Gaillard の当主 François Bouchet 氏にすぐに連絡を取ります。

　ブーシェ氏は、1962 年からビオディナミ農法を自らのドメーヌに取り入れてワイン造りを行っていました。世界的にも著名な Nicolas Joly 氏も彼に直接指導を受けてワイン造りをしていました。ビオディナミ農法とは、ドイツやオーストリアで活躍した思想家で哲学者でもあった Rudolf Steiner によって提唱された有機農法の思想に基づくもので、彼自身この農法を実践したかは解明されてはいませんが、その理論は農場の生態系を維持しながら循環型の環境保全をすることにあり、ヨーロッパを中心にその思想は広がっていきました。

　農法としては、鉱物性肥料の使用を否定し、農業暦に基づき、牛角や水晶、ハーブの散布などを取り入れた古代から実践された農法を忠実に再現して、土壌の改善を行います。年間を通じての作業工程だけでなく、その農法を取り入れることにより、農業のすべてが大きく変化します。

　ブドウとワイン造りのすべてを自然に委ねる勇気ある決断をしたいと願う多くの生産者がいますが、結果を急ぎすぎて失敗をした生産者も多くいるようです。レーモン氏は、決断後、15 年もの時間をかけて、ブーシェ氏との交流を続けながら、技術だけでなく、自然との対話、そして、自らのライフスタイルまでを問いただしました。すると、それまで、本でしか読んだことがない農法の深淵にあるものが、頭をもたげてきました。それは、「人類のすべての営みが、生物が生息する大地である惑星と宇宙の連鎖によって成り立っている。」ということでした。彼はそのことを自らが実践する農法から悟ったと言います。

　今では、土壌は大きく変化し、息を吹き返したようにバクテリアなどの微生物が多く発生し、呼吸をしています。ブドウは、そこに深く根を下ろし、土中に滞留した雨水や栄養分を適度に吸い上げて、抵抗力の強いブド

ブドウ畑を巡回する Raymond Paccot 氏

ウの実が育っています。味わいは、ブドウ本来の味を取り戻し、そこから個性溢れるワインができるようになりました。それ以来、レーモン氏の生活も一変して、自然との対話を常に心がけるようになると今までブドウ造りに抱いていた大きなストレスも消え去ってしまいました。

彼の友人でもある Henri Cruchon 氏もビオディナミ農法を同じ時期に導入したワイン生産者です。彼が娘のキャトリーヌにビオディナミ農法を伝えたことで、新たなワインが誕生しようとしています。

究極の選択の果てにたどり着いた自然農法

1881 年から代々ワイン生産者であった Cruchon 家の Henri 氏は、1976 年、レマン湖畔の小さな町 Morges 郊外の Echichen に自らの Domaine Henri Cruchon を開業しました。ここは、ヴォー州のラ・コート地区に当たり、地区全体では州の 52％のワインが生産され、周辺には約 100 件もの生産者が軒を連ねるワイン産地です。

現在のドメーヌは、息子の Raul 氏と Michel 氏に彼の娘 Catherine が加わり、42ha のブドウ畑から年間 23 万本のワインが生産され、日本へは 5000 本を輸出しています。2000 年からビオディナミ農法を導入した畑には

14 種類ものブドウが植えられ、新たな改良にも取り組んでいます。スイスでは、Marie-Thérèse Chappaz 女史、Raymond Paccot 氏と共にビオディナミワインの生産者として注目を集めています。

　クルション家の三代目であるキャトリーヌは、スイス連邦政府認定の職業学校 Ecole d'Ingéurs de Changins でブドウ栽培と醸造学、マーケティングを学んだ後、ブルゴーニュ、南アフリカ、アルゼンチンで研鑽を積み 2012 年にスイスへ帰国して、実家のワイナリーで働くことになりました。父のラウル氏は、ワイン造りの心得として、まず初めに彼女に「ワインは我々が創るのではなく自然の力がワインを創っている。我々は土のために最大のケアをしていると思い込んでいるが、実は、我々は土に守られていて生かされているのだ。」と伝えました。

　このひと言は、今も原点に立ち戻らなければならなくなった時に、彼女の心の大きな支えとなっています。

　1982 年の秋、豊作を迎えたドメーヌではワインが期待した出来栄えではなかった経験があり、その頃から、収穫前にブドウの房を取り除いて生産量を調整することが自然に反した法則であることが分かり、ドメーヌではワインづくりに限界を感じ始めていました。その後、父のラウル氏は近隣のワイン生産者と共にフランスのブルゴーニュを訪れたことが転機となり、2000 年からビオディナミ農法を導入しました。2001 年からは、小ぶりでありながら濃厚な味わいで、皮が厚くて病気にも強いブドウができるようになり、年ごとにワインの味わいに深さが増していったそうです。そこからは、ブドウの骨格を如実に汲み取れるワイン造りが始まりました。父のあの言葉を片時も忘れることができない彼女は、自然の摂理に叶った畑のブドウは自力で、自らの個性を発揮できるワインに生まれ変わることができることを確信し、次の目標として、このワインはクルション家の畑から産まれたワインだと個性が見分けられるブドウを育くむことにあると考え始めています。

ビオディナミ農法を導入してから 15 年後の 2015 年にドメーヌの Pinot Noir は、Robert Parker の『ワイン・アドヴォケイト誌』（The Wine Advocate）で 93 ポイントの評価を獲得することができました。その頃から彼女は二酸化硫黄（SO₂）無添加の赤ワインの醸造を始めました。世界各国の消費者からは、ワインへの感動のメッセージが届けられますが、「ワインの熟成とは、その個性を最も高めてあげること。」と彼女の葛藤は続きます。ドメーヌは、現在、ドイツを中心に展開されている厳しい審査基準を持つビオディナミ認証機関 "Demeter" の取得を目指していて、Chasselas と Pinot Noir のワインを申請しています[6]。醸造においては、一般的なワイン醸造では、ワインの酸化を防ぐために、亜硫酸塩を使用して微生物の活用を抑制するのですが、このドメーヌでは、一部、亜硫酸塩を一切使用せずに、ワインを醸造して無濾過のまま瓶詰をしているワインを造っています。今後は、このスタイルのワイン醸造を徐々に広げていこうとキャトリーヌは考えています。

　月の暦に沿って天然製剤を使って土壌を活性化させ、ブドウ本来の耐性を引き出すワイン造りの仕事を重ね、日々ブドウと一体になって感性を磨くことで自然への敬意を表したいと、彼女は、父のラウル氏から学んだことを新たに結実させたいという決意を固めています。

　美味しいワイン造りに対する答えは、世界のワイナリーを巡り働いてきたからこそ、今ここに見いだせたことに彼女は感謝の気持ちを込めてワイン造りに勤しんでいます。

【註・参考文献】
(1) Office fédéral de l'agriculture OFAG「L'année viticole2017」
(2) Office International de la vigne et du vin「STATE OF THE VITIVINICULTURE WORLD MARKET2018」
(3) Federal Department of Ecocnomic Affairs, Education of Research, Agroscope, Olivier Viret「Viticulture in Switzerland and Integrated Production of Grape」14 October, 2013., p.15

（4）大山利男「環境保全型農業の新展開」『フードシステム研究』13 巻 2 号（2006）、pp..10-21
（5）福岡正信「わら一本の革命」春秋社. 2004.8
（6）"Demeter" は 1927 年、ドイツのダルムシュタットに設立され、現在では 50 カ国以上に会員を持つ国際的な「ビオディナミ」の団体。その理念は、人智学の祖ルドルフ・シュタイナーが 1924 年に行った「農業講座」に集約されている。デメターの基準は欧州連合（EU）の基準より厳格で、独自の伝統農薬のほかに牛糞、珪石、薬草などの自然素材から作られる独自のプレパラートを使用して、ブドウ畑の生態系とブドウを守ることを目指している。

第 10 章　芸術を彩るスイスワイン

Charles Ferdinand Ramuz が生前住んでいた Pully の家

友情を育んだスイスのワイン

　Charles-Ferdiand Ramuz は、スイスのフランス語圏が産んだ国民的詩人であり作家でもあります。旧 200 スイスフランには、彼の肖像が印刷されていて、裏面には、ラヴォー地区のブドウ畑が印刷されています。彼は、彼の作品の中でヴォーの自然環境やそこに暮らす人々の生活を鮮やかに描いています。

　1878 年 9 月 24 日、ラミュは Lausanne で生まれました。父はヴォー州Sullens の農村の生まれで、Lausanne 市内で食料品店を営んでいました。母は、Cully のブドウ栽培者の生まれでしたが、彼女の祖先は、18 世紀初めに、ベルンの一括的な統治がヴォーの経済に負担をかけていることを訴えたため処刑された愛国者として今なお語り継がれる Joan Daniel Abraham Davel でした。ラミュは、生涯においてそのことを誇りに思っていたようです。

　ラミュは、ローザンヌ大学で法律と文学を学びます。1901 年には、Parisに 1 年間留学しますが、一時スイスに帰国します。1902 年、再び Paris に戻り、第一次世界大戦が始まる 1914 年まで、そこで暮らします。

　その間、処女詩集『小さな村』（Le Petite Village）や最初の小説『アリーヌ』（Aline）、ヴァレー州を題材にした『迫害されたジャン＝リュック』（Jean-Luc persécuté）、『ヴォーの画家、エメ・バッシュ』（Aimé Pache, peintre vaudois）など名作を次々と発表します[1]。

　ラミュが誕生するより少し前の 1882 年 6 月 17 日、ロシアの作曲家イゴール・ストラヴィンスキー（Feodorovitch Igor Stravinsky）は、ロシア郊外のリゾート地に生まれます。彼の父は、王立のオペラ歌手で、母は著名なピアニストでした。彼は、両親の関係でチャイコフスキーの活躍を知り、彼の様な音楽家になりたいと思いましたが、両親に反対されます。止むなく法律の勉強をしますが、周囲には彼と同じような音楽家の家庭に育った

友人や関係者が多く、交流を続けます。1905 年には、従妹の Catherine Nossenko と結婚して 4 人の子供を儲けます。実は妻のキャサリンは優れた音楽家でもありました。夫の弾いた曲を毎回、正確に楽譜に書き留めたのでした。1909 年に、彼の曲はバレエ公演制作会社のディレクターによって認められ、1910 年には Paris のオペラ座公演の『火の鳥』（L'Oiseau de Feu）でデビューします。ストラヴィンスキーは、28 歳の若さで成功を収めて次々と作品を発表します[2]。翌年の『ペトリューシュカ』（Petrushka）では、「フランスの香水をかけたロシアのウォッカ[3]」との批評も受けますが、ニジンスキーの振付も好評で作品は話題となります。1913 年の『春の祭典』（Le Sacre du Printemps）は、Paris のシャンゼリゼ劇場で上演されましたが、ニジンスキーの振付が公衆を困惑させるような表現だったため、劇場は大混乱となります。この様子は、イギリスの作家 Chiris Greenhalgh の小説『Coco & Igor』に描かれていて、日本では『シャネル＆ストラヴィンスキー』の翻訳本[4]も出版され、2010 年にはロードショーが始まり、衝撃的なストーリーとシャネルのミューズ[5]として活躍していた Anna Mouglalis がシャネル役として抜擢されていたので話題となりました。

　ストラヴィンスキーのオペラが世間で評判になっていた頃、ラミュは新聞での記事は読んでいましたが、ストラヴィンスキーとの接点はありませんでした。

　第一次世界大戦が始まると、ストラヴィンスキーが仕事をしていたバレエ公演の活動も中止されます。1914 年、軍役を免除されていた彼は、一家と共に戦火をさけて、スイスの Lausanne へ移住します。

　1915 年、ラミュはヴォー州 Treytorrens に住んでいました。秋のブドウの収穫が終わった頃、当時、Montreux の交響楽団の指揮者だったアンセルメがストラヴィンスキーをラミュの元に連れてきます。ラミュは、「ストラヴィンスキーの思い出」（Souvenirs sur Igor Stravinsky[6]）に彼との出会いのすべてを綴っています。

ある日、テラス状になったブドウ畑を通り抜けて、アンセルメ[7] とストラヴィンスキーは太陽の昇る東から、ラミュのところへやって来ます。アンセルメは、ストラヴィンスキーを専門家として高く評価していましたが、ラミュは、ストラヴィンスキーについて、最近の雑誌での作品評をさりげなく伝えただけで、初めての出会いは取り立ててこれといったこともなく終わります[8]。

　ある日、ラミュはストラヴィンスキーをレマン湖畔のワイン産地 Epesses<ruby>エ ペ ス</ruby>へと誘います。各駅停車しか止まらない小さな駅は、ラミュにとってラヴォー一帯を含めて、幼いころから慣れ親しんだ心の安らぎの場所でもありました。特にこの収穫後の新酒の時期には、ラミュは必ず生産者から招かれて、試飲をしてワイン批評をしていました。いつものようにラミュは、ブドウ畑を縫って高台へとストラヴィンスキーを招き入れます。辿り着いたところは「薔薇色の小さなカフェだった。」とラミュは書いています。このカフェには、大きな石垣のある西側にテラス席があり、彼らはそこに席をとると、そこからは、目の前に広がるブドウ畑と対岸のフランスが一望できるレマン湖の美しい風景が広がって見えたことでしょう。ラミュは Dézaley<ruby>デ ザ レー</ruby> とパンとチーズを注文し、会話を進めます[9]。

　「会話の対象が、何であったのか、今は何一つ思いつかぬ。その代わりに、記憶にはっきりと浮かぶのは、ここのパンと葡萄酒のおかげで、私たちがたがいに良くわかりあったことである。ストラヴィンスキーよ、たとえば私にはすぐわかったのだ、あなたが、私のように、パンはうまいときに、葡萄酒は良い葡萄酒のときに、好きなのだと、葡萄酒とパンは共に相互に依存しあっているのだ。ここから、あなたという人が、同時にあなたの芸術が始まるのだ。（中略）それらを前にして微笑していたあなたの姿はいまでも思い浮かぶのだ。」『ストラヴィンスキーの思い出』より [10]

　二人は、食べては飲むことを重ねながら懇親を深めていました。それは、スイスのワインをごく当たり前にお茶のように飲んで楽しむ時間の繰り返

しđでした。そのことで、ラミュはストラヴィンスキーの世界へとストラヴィンスキーは逆にラミューの世界へと次第に引き込まれていきます。

　「私はパンや葡萄酒を前にしたあなたと音楽に近づいているのを感じていた[11]。」とラミュは、ワインを通してストラヴィンスキーの音楽に深い理解を寄せます。

　数か月後、ストラヴィンスキーは Morges（モルジュ）に生活の拠点を置きます。ラミュも Treytorrens（トレトラン）を離れて Lausanne（ローザンヌ）に引っ越しますが、二人は頻繁に行き来します。ラミュは、『きつね』（Renard）を作曲していたストラヴィンスキーからこの作品を書いてみないかと持ち掛けられたのでした。そこから、二人の初めての共同作業が始まります。この作品は、原文がすべてロシア語で書かれていたため、ストラヴィンスキーは一言一句漏らさずに、そのテキストを読んでラミュにフランス語で聞かせます[12]。内容は、きつねに捕まった鶏が猫と山羊に助けられるという単純なものですが、ロシア語の内容に手間取ったラミュが『きつね』を書きあげたのは、1 年後の1916 年のことでした。1917 年には、この作品が Genéve（ジュネーヴ）の出版社から発売されます。ストラヴィンスキーも素晴らしい楽譜を書きあげていましたが、戦時下という事もあって、公式に上演されたのは 1922 年の Paris（パリ）のオペラ座で、この時、アンセルメが指揮を務めます。その後も二人の共同作業により、今なお再演されている『兵士の物語』（L'Histoire du soldat）が誕生します。作品は、ある帰還中の兵士が、悪魔の本と引き換えに自分の魂を売り渡してしまうという人間の欲望や弱さを描いています。初演は、1918 年の Lausanne（ローザンヌ）の劇場で、ラミュの台本にストラヴィンスキーの楽曲、そして、アンセルメの指揮で成功を収めます[13]。

　ストラヴィンスキーはその前年の 1917 年に起こったロシア革命によりロシアの家と財産のすべて失っていました。その時、ストラヴィンスキーはラミュと共に、レーニンがスイスからロシアに向かおうとする列車の近くに居合わせましたが、起こっていることの事実を冷静に受けとめて、決し

て帰国の道を選びませんでした[14]。

　ある日、ラミュとストラヴィンスキーは、ヴォー州での日常生活を離れて、ヴァレー州に小旅行に出かけます。彼らは、ローヌ川上流の谷間を訪ね、一気に天空まで登っていくブドウ畑に抱かれ、時折、樽のブドウ酒を思う存分飲みました。また、彼らは Sierre に住むラミュの友人の画家を訪ね、夕映えと共に抜栓された Dôle の強い芳香が彼らを包み込むという場面に出会います[15]。その旅で、彼らの友情が更に深まったことはいうまでもありません。このことは、ラミュの心の中に生涯鮮烈な思い出として残ります。

　1920 年 6 月、ストラヴィンスキーは仕事で Morges を離れて、家族と共に Paris に移住します。その後、ラミュとは、手紙か時折 Paris で会う程度でした。しかし、過去を振り返ると、短期間の親交の中で、二人が深く時を分かち合えたのは、ワインの大きな力でもありました。その楽しさは、互いの生涯において忘れ得ぬ思い出となり、そこから新たな芸術が生まれたことに敬意を表したいと思います。

リルケが愛した終の棲家

　アメリカの人気歌手 Lady GaGa が、2012 年 8 月 6 日、大阪に滞在中に、彼女のお気に入りの詩人 Rainer Maria Rilke のことばを入れ墨で腕に入れてもらったニュースが、話題になったことがあります。彼女の腕に彫られたリルケのメッセージは次の内容です。

Prüfen Sie, ob er in der tiefsten Stelle Ihres

Herzens seine Wurzeln ausstreckt, gestehen

Sie sich ein, ob Sie sterben müßten, wenn es Ihnen

versagt würde zu schreiben. Muss ich schreiben?[16]

「夜も一番更けた時刻に自分に告白しなさい。書くことを禁じられたら死んでしまうと。そして、心の底、その答えが根を張るところをのぞき込んで問うのです、私は書かねばならないのかと。[17]」

　これは、リルケの書いた『若き詩人への手紙』（Briefe an einen jungen Dichter[18]）の一節です。人は人生で迷いが生じた時、何かを糧として生きて行かねばなりません。今もなお、芸術家たちの心に響く哲学的な言葉を数多く作品の中に残したリルケ。彼は、ずっと追い求めていた生き方を人生の最後にスイスのワイン産地で見つけ出します。彼は、ごく自然の流れで、スイスへの朗読会へと向かいます。そこでは、いくつもの出会いが重なって、やがてヴァレー州へと辿り着きます。そして、1921 年から 1926 年に、彼がこの世を去るまで、ブドウ畑に囲まれたスイスのヴァレー州にある小さな城館ミュゾット（Le Château de Muzot[19]）で過ごします。

　ここでは、リルケが、スイスのヴァレーに辿り着くまでの生活と人生の最後を過ごすことになったヴァレー州での様々な出来事を追ってみたいと思います

　1857 年、ドイツの詩人として活躍したリルケは Praha（プラハ）に生まれます。父は Bohemia（ボヘミア）、母は Praha（プラハ）の出身でした。11 歳の時、両親の強い要望で陸軍幼年学校に進み、陸軍実科高等学校へも進みますが、軍人という職業が性に合わなかったリルケは、すぐに退学し、オーストリア Linz（リンツ）の商業学校へと進みます。しかし、これもすぐに挫折します。叔父の勧めもあって、優秀な成績でギムナジウムの卒業証書を取得したリルケは、プラハ大学法学部へと入学します。

　在学中の 1894 年、19 歳で処女詩集『人生と歌』（Leben Und Lieder）を出版します。その後は、ミュンヘン大学、ベルリン大学などで学び、その間も戯曲や詩集などを世間に発表し続け、注目を浴びるようになります。

1901 年、ドイツを旅行したリルケは Worpswede（ヴォルプスヴェーデ）の町でドイツ人の女性彫刻家 Clara Weasthoff（クララ・ヴェストホフ）と意気投合して結婚します。この年、父からの援助は断ち切られ、翌年、リルケは妻が秘書をしていた彫刻家ロダンの評論の仕事を引き受けるため、Paris（パリ）に住むことになります。そこでの自らの貧しい身の上を、主人公であるデンマークの貴族の末裔の詩人、マルテに重ねて書いた小説『マルテの手記』（Die Aufzeichnungen des Malte Laurids Brigge[20]）は、1910 年に発表されますが、彼の暮らしは楽にならず、止むなく妻子との別居生活は続きます。

　1910 年から 1914 年まで、リルケはタクシス侯爵夫妻（Von Thurn und Taxis）の招きで、イタリアのドゥイノ城を頻繁に訪れています。この城は 1911 年から 1912 年までタクシス侯爵夫妻の所有であったこともあり、リルケは執筆途中の『ドゥイノの悲歌』（Duineser Elegien）を彼らに贈っています[21]。

　その頃、リルケは、女流画家 Lou Arbert-Lazard（ルー・アルベール＝ラザール）と恋に落ちます。1915 年 12 月にリルケは戦争で招集されますが、彼の創作活動を支持する周囲の著名人たちからの嘆願書により、1916 年 6 月に兵役を解かれます。ルーはリルケと再会を果たしますが、彼女は妻子ある人との恋を諦めて身を引いたそうです。彼女は、リルケに初めてスイスのヴァレーのことを語った人物でした。後に出版した著書『リルケと共に』（Wege mit Rilke）でスイスの素晴らしさについてこう語っています。

　「国に帰る途中、私は私の心をひどくひきつけたヴァレーのことをあれこれと話しました。ヴァレーはリルケがひどく嫌っていた公の観光旅行向けのスイスとはまったく違っていたのです。その後運命はこの土地を彼の最後の隠れ場所とすることになったのです。この隠れ場所によって彼はさまざまな形でおびただしいほどの幸福な条件と友情があたえられたのです。」

　　　　　　　　モーリス・ツェルマッテン著『晩年のリルケ』より [22]

　1919 年 6 月、リルケはある伯爵夫人の招待でジュネーヴ湖畔のゲストハウスに招待されたため、München から Zürich を目指します。心身共に疲れ果てていたリルケは、すぐに都会の雑踏を避けて Nyon を経由してGenève へと向かいます。リルケは、その頃、友人のオーストリア人の外交官に頼んで、スイスの外交官の夫人であったヴァッテンビル夫人（Yvonne de Wattenwyl）へ面会を申し出ています。彼の目的は、スイスの滞在許可延長でした。7 月 5 日にリルケは、夫人との面会のために Bernへ行き、その後、グラウビュンデン州の Soglio で約 2 か月を過ごします。太陽が燦々と降り注ぐ、自然に恵まれた美しい村で、彼はやっと人間らしさを取り戻したようです。彼が宿とした 17 世紀に建てられたザリス邸は、Hotel Palazzo Salis という宿泊施設として残されていて、その頃滞在したリルケを今も偲ぶことができます。

　9 月下旬、リルケは冬の前に Sogilio を出発して、Genéve、Zürich、St.Gallen、Basel、Winterthur、Bern などスイス各地での朗読会を開催します。Winterthur の朗読会では、二年後にリルケの住みかとなるヴァレー州のミュゾットを快く貸してくれた実業家のヴェルナー・ラインハルト（Werner Reinhart）と出会います[23]。

　また、チューリヒ湖畔では、後にリルケから遺言を託されるナニー・ウンダリー＝フォルカルト（Nany Wunderly-Volkart）夫人に出会います。

　リルケの朗読会は各地で大成功を収めますが、彼の名声が上がるほど彼は次第に神経をすり減らして疲れ果ててしまいます。リルケは 1919 年から1920 年までの間、冬には、ティチーノ州 Locarno の近くのリゾート地Muralto を必ず訪れています。陽気で屈託のないイタリア語圏の町の雰囲気に、リルケも著名人であることをひととき忘れ、解放された時間の中で英気を養うことができたようです[24]。

　1920 年 10 月末にリルケは元の住まいのあった Paris に戻りますが、戦争

は、余りにも無残でした。彼の住まいには、大切な調度品や命を捧げるほど無心に執筆した『マルテの手記』に関する資料は何ひとつ残されてはいませんでした。Paris はリルケにとっては、もはや遠い過去の思い出でした。彼は、何の迷いもなく、すぐに彼の待つスイスへと戻ります[25]。

リルケにとって重要な出会いは他にもありました。1919 年の夏、Genève の町を歩いていた時、パリ時代に面識のあったクロソフスキー夫人（Balladie Klossowski）と偶然に出会います。彼女の夫エーリヒ・クロソフスキー（Dr. Erich Klossowski）は、ポーランドの貴族の流れを汲む人物で、画家であり、有名な美術評論家でした。そして、彼女自身も画家でした。彼らにはふたりの素敵な息子がいて、彼女はその時、リルケに愛する息子たちのことを話して聞かせたそうです。

リルケは、スイス各地を訪ねる度に、彼女にこまめに手紙を送っています。彼女は、リルケのことを詩人であることは知っていましたが、どんな人物であるか、まだそんなに深くは知りませんでしたが、ある日、手紙に度々添えられた彼の詩の一片を読んで胸の高鳴りを抑えることができませんでした[26]。

また、リルケは、彼女の息子たちを可愛がり、彼らの芸術的才能を見い出してアドバイスをしています。特に弟のバルチュス（Balthus Klossowski）が 11 歳の時に制作した『ミツ』（MITSOU）は、ニョン城で見つけてきた子猫を少年が Genève まで連れて帰って可愛がるのですが、子猫は、クリスマス翌日に少年の前から消えてしまうという悲しい物語です。40 枚の墨書きの素描画はとても印象的です。リルケはこの本の出版に際し、彼の作品は絶賛に値すると序文を認めています。バルチュスは、少年の頃からこうしてリルケに影響を受けながら成長して画家の道へと進みます[27]。

一方、兄のピエール（Pierre Klossowski）には文才があり、後に小説家、画家として活動します。彼の書いた小説『ロベルトは今夜』（Robert ce soir）はエロティシズムを大胆に取り扱った作品で、1977 年にフランスで

映画化されて、著者が俳優として出演していることもあり話題となりました[28]。

　リルケはこうして彼女との距離を縮めていきます。親しくなるにつれて、リルケは彼女のことをメルリーヌ（Merline）と彼女はリルケをルネ（Réne）と呼ぶようになります。ふたりは Genéve や Bern で頻繁に会うようになります。1921 年、ふたりは、リルケの望んでいた長期の滞在先を探しに Sierre へと出かけます。

　彼らは、ヴァレーの丘陵地帯のブドウ畑を歩いて家を探します。勿論、家を貸しましょうという申し出は沢山ありましたが、気に入った場所はなかなか見つかりませんでした。ある朝、ひとりで駅に出かけたリルケは、雨に遭います。その時、ショーウインドーの中に貼られてあった「売邸・貸邸」の広告写真に釘付けになります。そこには、「ミュゾットの塔は 13 世紀にできたもので、見学可能。」という内容が書かれていました。それから間もなく、彼はメルリーヌとミュゾットの塔を目指して、ひたすら道を上っていました。7 月の始め、ブドウ畑の緑、山の木々の緑、果樹園の緑、それぞれの色鮮やかな緑が、ローヌ川のなだらかな曲線と共に彼らを道案内するかのように行く手には広がって見えました。ミュゾットに入るとそこは、彼らの探し求めていた空間そのものでした。

　リルケはヴェルナー・ラインハルトとヴンダリー夫人に宛てて手紙を書きます。芸術家に対して寛大なラインハルトは、すぐに快諾してくれました。偶然にも、彼にとってもミュゾットは、一度訪れたヴァレーで見つけた絵葉書の中で印象に残っていたからです。ヴンダリー夫人も協力的でした。メルリーヌも家具などの調度品など生活のための準備をしました[29]。

　リルケは、大きな支援を得て、やっとこのヴァレーで沢山の創作に取り組むことができるようになります。彼にとって、ヴァレーの段丘のブドウ畑に脈々と引き継がれた自然のエネルギーは、何物にも代えがたいものでした。それを彼は『ヴァリスのスケッチ七編　或はささやかな葡萄の年』

（Sieben Entwürfe aus dem Wallis, oder Das kleine Weinjahr）に綴ってい
ます。

雪の名ごりは
日増しに消えて
灰褐色の土肌が
またあらわれる　もとの場所に

敏捷な鋤が
もう働いている
人は思いだす　緑が
特に好きな色であることを

丘の斜面にひとは結う
やがてやさしい四目垣を
葡萄に手を貸してやるがいい
葡萄はお前を知って　身をさしだす

（中略）

なんと倹しいのだろう　葡萄は。ほとんど花もつけないで
ただ未來の香りをそっと放っているばかり
それは苦勞した土地が迷信深く
約束をしないでいるかのようだ

（中略）

オルガンの鍵盤のような葡萄山の段丘よ

一日中　日光がそれをたたいている

それから興える葡萄の蔓から酒杯へと

鳴りひびいていく移調よ

R.M. リルケ著、富士川英郎訳『ヴァリスのスケッチ七篇 或はささやかな葡萄の年』より⁽³⁰⁾。

　リルケは、ヴァレーの土地の風景を心から愛しました。そして、ブドウ畑やそこで働く人々にも愛を注ぎました。彼は時間が出来ると散策をして、農夫たちとの会話を楽しんでいました。その中の若者のひとりと親しくなったリルケは、彼を工場長に推薦したそうです。彼は専門学校で教育を受けると、立派なエンジニアになったそうです。リルケは、このようにして、地元の人々との交流を築いていきました⁽³¹⁾。

　1922 年は、リルケにとって創作活動が最も活発になった年でした。フランス語の詩も多く執筆したようです。『オルフェウスへのソネット』（Die Sonette an Orpheus）や 10 数年にかけて執筆を続けていた『ドゥイノの悲歌』は、この年に完成します。翌年に出版されると『ドゥイノの悲歌』は、読者からも好評を得ます。リルケは、メルリーヌにその作品の完成と喜びを手紙で報告しています。

　彼は、友人が来ると、ブドウ畑に囲まれた高台にある館の庭でジャガイモやハムをつまみながら、この地方のスイスワインを飲みながら談笑し、詩を朗読してもてなしました。この館には、作家、研究者、画家、政治家、実業家とありとあらゆる分野の人々が出入りして、リルケとの交流の時間を過ごします。

　この頃、リルケはミュゾットの管理人であるロニール嬢に許可を得て、館の前の植え込みを薔薇に変えています。彼は感謝の気持ちを込めて、初

めて咲いた薔薇を彼女に贈ったそうです。この小さな薔薇園は、今も館の
シンボルとなっています。

　やがて、ミュゾットは新しい管理人ヴェルナー・ラインハルトによって
購入されます。リルケは、束の間不安を覚えますが、滞在は継続されるこ
とになります(32)。

　ある日、リルケは、ゲーテのスイス旅行記を読んで物足りなさを感じま
す。リルケは、日々努力して農夫たちのブドウ畑での苦労を知ろうとしま
す。やがて、彼の脳裏には断片的に彼らの真実の姿が見えてきます。

塔や　藁ぶきの家や　壁や
葡萄畑のしあわせにと
ひとびとがえらんであてがった土にさえ
厳しい性質がうかがえる
（中略）
働きながら歌う地方
働くしあわせな地方
水が歌を歌いつづけるあいだ
葡萄畑の木は蔓をあみつづける
『ヴァレーの四行詩』より (33)

　リルケが仕事として望んだのは詩作だけではありませんでした。ヴァレ
ーのあちこちに見られる「鉤十字」について歴史的解明をして、ヴァレー
の歴史について書きたいとヴァレー・ロマンドの歴史協会に手紙で入会を
申し出て、これを認められています。彼は、既に紛れもないスイスの住民
であり、ヴァレーの人でもありました。スイスの歴史的深淵がこのヴァレ
ーに息づいていることをリルケは人々に知らせたかったのです。しかし、
限られた時間が彼には迫っていました(34)。

　一方メルリーヌとの交流は、彼女を置いて館を留守にすることが多く、すれ違いが続いていました。1923 年の秋は、彼女がこの館で過ごした最後の滞在となります。この年の 12 月にリルケは不調を訴え始め、翌年の 1 月下旬まで、Montreux にある Valmont 療養所で過ごしています。この頃からリルケは何かを悟ったように、療養所を出てはあちこちに出かけるようになります。体調は、一向に優れませんでした。結局、1924 年 11 月下旬から翌年の 1 月上旬まで療養所で過ごします。1925 年には、1 月から 8 月まで、最後に Paris を訪れ、メルリーヌと合流します。帰国後 Bad Ragaz などを療養で訪れ、10 月にミュゾットに戻ると、遺言状を認めます。『薔薇』（Die Rose）は、彼がその頃に書いた詩として残されています。

すがすがしい明るい薔薇よ
私の閉じた目にもたれて
まるで幾千の瞼が
重なりあっているようだ・・・・・
リルケ著『薔薇』Ⅶより [35]

　メルリーヌは、二人の息子たちとの Paris での暮らしがあったので、リルケのもとへは、なかなか出向くことができませんでした。1926 年 7 月には、メルリーヌの息子バルチュスが彼女に代わって、リルケを見舞いに訪れています。幼いころから、世界のいろいろなことをリルケはバルチュスに教えました。ふたりで日本の文化を知ろうとして、岡倉天心の『茶の本』を読んだこともありました [36]。バルチュスは、18 歳でまだ画家修行の身でしたが、立派になったバルチュスを見てリルケはとても喜びました。この年の 12 月、リルケはメルリーヌに宛てた手紙の中で、血液の病気であることや十分な看護を受けていることを知らせて安心させようとしていますが、彼は白血病を患っていて、完治の見込みはありませんでした。

ブドウ畑を仰ぎ見るミュゾットの館と薔薇園

1926 年 12 月 29 日の朝、リルケは療養所で 51 歳の生涯を終えます。遺体は彼の遺言の通り、Raron（ラロン）に運ばれました。遺言状をリルケから託されたヴンダリー夫人が、リルケの訃報を伝えると、世界のリルケファンは涙しました。世界中から弔問客が訪れる中、雪の降る 1927 年 1 月 2 日に葬儀は執り行われました。そこには、彼の棺に寄り添った村人たちの姿もありました[37]。

多くの作品を発表し続けた詩人リルケ。彼の瞼は幾重にも重なる薔薇の花びらとなって、今なおヴァレーのブドウ畑を見つめ続けているのかもしれません。

＊Foundation Rilke（リルケ財団）　http://fondationrilke.ch/en/

Sierre（シェール）を起点にして、巡るリルケの旅は、駅の近くにあるリルケの資料館から始まります。ここでは、直筆原稿や手紙など、彼のヴァレーでの生活を知ることができます。

また、Veyras（ヴェイラス）にある Muzot（ミュゾット）の館は一般に公開されていませんが、周辺を散策するのも良いでしょう。Sierre（シェール）から Veyras（ヴェイラス）はバスで約 10 分です。リルケの墓地は、Sierre（シェール）から列車で約 20 分の Raron（ラロン）にある城教会（Burg und Kirche）の敷地の中にあります。

＊問合せ先：Office du Tourisme de Sierre（シェール観光局）　https://www.sierretourisme.ch
　　　　Tél. ＋41 27 455 85 35　e-mail. info@sierretourisme.ch

【註・参考文献】

(1) C.F. ラミュ著、後藤信幸訳『ストラヴィンスキーの想い出』泰流社. 1985.4, pp.120-123

(2) Foundation Igor Stravinsky
https://fondation-igor-stravinsky.org/en/composer/biography/

(3) クリス・グリーンハルジュ著、酒井紀子訳『シャネル＆ストラヴィンスキー』竹書房.
2009.12, p.407

(4) 同著

(5) ミューズとは、ファッションショーの最初と最後、フィナーレに、デザイナーと共に、ラン
ウェイに登場するモデルのことを指す。

(6) C.F. ラミュ著、後藤信幸訳『ストラヴィンスキーの想い出』泰流社. 1985.4

(7) エルネスト・アンセルメ（Ernest Ansermet）は 1883 年スイスの Vevey 生まれ。
1903 年までローザンヌ大学で数学を学び 1906 年まで数学教師として働いていたが、パリ音
楽院で学び、帰国後再び数学教師を経て、音楽界に指揮者としてデビューする。ストラヴィ
ンスキーや数多くの著名な作曲家の楽曲の指揮を手掛けた。1915 年から活動拠点を Genéve
に移すと、1918 年からは、ロマンド・オーケストラ（The Orchestre Romand）、バレエ・リ
ュス（The Ballets Russes）、アルゼンチン国立オーケストラ（The Argentine National
Orchestra）の指揮を 10 年間務めた。1940 年には、スイスのラジオ放送局の支援によって設
立されたスイス・ロマンド管弦楽団（L'Orchestre de la Suisse Romande）が設立されて、
1967 年まで指揮を務める。数々の名曲を世に送り出した彼は、1969 年 2 月 20 日、Genéve
で 87 歳の生涯を終えた。

(8) C.F. ラミュ著、後藤信幸訳『ストラヴィンスキーの想い出』泰流社. 1985.4, pp.9-11

(9) 同著 pp.15-16

(10) 同著 pp.16-17

(11) 同著 p.17

(12) 同著 pp.32-37

(13) Aguet, Joël: Histoire du Soldat, in: Kotte, Andreas（Ed.）: Dictionnaire du théâtre en
Suisse, Chronos Verlag Zurich 2005, vol. 2, p. 849.

(14) C.F. ラミュ著、後藤信幸訳『ストラヴィンスキーの想い出』泰流社. 1985.4, pp.87-92

(15) 同著 pp.98-103

(16) Lady Gaga's RilkeArm Tattoin German, by MEGHAN MABEY, PopStarTats.
JANUARY 14, 2012

(17) The Japan Times ST Online "NEWSMAKERS-Musician- Lady Gaga" st.japantimes.
co.jp/newsmakers/?occupation=musician&f=ne_mu_141

(18) リルケ著、佐藤晃一訳『若き詩人への手紙』角川書店. 1952.9

(19) Veyras の高台にある城館は、ヴォー州のド・ブロネ一家が 1250 年頃に建物の上に塔を建て
た。後に、フォン・トゥルン＝ゲシュテンブルグ男爵の所有となり、彼の流れを汲む女性
の後継者イザベルがモンティース家の人に嫁いだため代々その家に引き継がれる。ピエー
ル＝ロラン・ド・モンティースは、1714 年に村の人々と草原、ブドウ畑、建物の売買契約

を交わしている。

(20) リルケ著、大山定一訳『マルテの手記』新潮社. 1953.6
(21) Maurice Zermatten 著 伊藤行雄、小潟昭夫訳『晩年のリルケ』芸立出版. 1977.11, pp.18-24
(22) 同著 pp.29-34
(23) 同著 pp.41-44
(24) 同著 pp.47-48
(25) 同著 pp.52-53
(26) 同著 pp.64-67
(27) 『バルチュス展』図録　2014　NHK プロモーション、朝日新聞社 p.26
(28) ピエール・クロソウスキー著、若林 真訳『ロベルトは今夜』河出書房. 2006.5
(29) Maurice Zermatten 著 伊藤行雄、小潟昭夫訳『晩年のリルケ』芸立出版. 1977.11, pp.77-88
(30) R.M. リルケ著、富士川英郎訳『葡萄の年』新潮社. 1954.12, pp.124-126
(31) Maurice Zermatten 著 伊藤行雄、小潟昭夫訳『晩年のリルケ』芸立出版. 1977.11, p.103
(32) 同著 p.137
(33) 同著 pp.158-164
(34) 同著 pp.167-168
(35) 同著 pp.239
(36) 『バルチュス展』図録　2014　NHK プロモーション、朝日新聞社 p.25
(37) Maurice Zermatten 著 伊藤行雄、小潟昭夫訳『晩年のリルケ』芸立出版. 1977.11, pp.230-233

あとがき

スイスワインの可能性

"Als Gott die Schweizer strafen wollte, gab er ihnen Schweizer Wein"

「神がスイス人を罰することを望んだ時、彼は彼らにスイスのワインを与えました。」

　スイスを代表する劇作家で小説家のデュレンマット（Friedrich Dürenmatt）は、そんな言葉を生前に残しています。この言葉は単にスイスワインに皮肉を込めた著名人の言葉として、受け取って良いのでしょうか。それは、彼が小説『故障』（Die Panne）で、鱒料理に合わせて、ヌーシャテルの微発砲のスイスワインを登場させていることから考えると、そこに、彼がもっと深い意味を込めて発信した言葉として受け取れます。

　1993年1月1日で「ブドウ栽培とワインの輸入に関する連邦令」の一部改正は、これまでのワインの過剰生産を抑制するために生産者に対して、生産量制限を示すものでした。これは、近年でワインの品質が向上する最も大きなきっかけとなりました。

　第8章でも述べましたが、2001年に連邦政府が打ち出した「ワイン輸入の自由化」もワイン生産者に大きな選択肢を与えるきっかけとなりました。生産量が少量であっても国際市場へと販路を広げることで、輸出金額は伸び、国際的な情報交換の中で、スイスのワインはより洗練された飲料として変化していきました。

　現在、特に若い世代の後継者たちは、ワイン専門学校（L'École d'ingénieurs de Changin）でブドウ栽培や醸造技術、マーケティングなど専門的な知識を学ぶだけでなく、学校が連携している、世界各国のワイン生産者のもとで、多くの経験を積んで帰国しています。帰国後は、その経験を

大いに活かして、それぞれがワインの分野で活躍しています。

　また、学校に併設された研究所では、ブドウの新品種の開発に向けて、研究が続けられています。これらは、刻々と変化する地球温暖化によるブドウ畑の環境の変化に対応するための動きです。技術力も進み、世界での実用も広がる新たな品種が産みだされる可能性は無限にあります。

　さて、ワインは、世界の歴史の中で、約8000年の歴史を誇る最も古い飲料です。その中で育まれたワイン文化は、年輪の如く世界に広がり、今では多くのワイン愛好家の心を掴んでいます。この本でも紹介したように、スイスにもワインが今日存在するまで、いくつもの歴史が重ねられてきました。今でも多くの登山家や観光客が訪れるスイス。あのアルプスの山々があるからこそ、スイスのワインがこの土壌で育つ最高の価値を見出すことができるのではないでしょうか。そして、スイスの国の誉れは「観光」です。スイスを愛する人たちの手によって、あの険しいアルプスの山々が、歴史的建造物が、脚光を浴びて、わたしたちに心を開いてくれています。そこには、それぞれの土地に纏わるワインと文化があります。

　それを紐解いて扉を開けた途端、宝石にもまして素晴らしい光輝く瞬間を皆さんは手に入れることができるのです。

　連邦政府は、2018年からワイン用ブドウ栽培の傾斜地や階段状の畑を管理する人々に対して、景観保護のための費用を受給できる要件を設定しています。このような動きから見ても、スイスのワインは、アグリツーリズムなどの観光事業と一体となって発展していくことで、生産者と消費者のコミュニケーションが図られて、わたしたちにとって、よりワインが近しい飲料となって今後も大いに発展することが期待できます。

　最後に読者の皆様にスイスのワインを通して多くの出会いと幸せが届きますようにお祈り申し上げます。

スイスの歴史とワインの年表

紀元前800頃	**ギリシャの詩人ホメロスが『イリアッド』（Iliad）や『オデッセイ』（odyssey）に各地のワインや宴の文化を紹介する**
700	鉄器時代前期
450	鉄器時代後期
300頃	ローマ人、ティチーノ州南部に侵攻を始める
58	ヘルウェティ族、カエサルに敗北し、ローマ化始まる
45-44	植民都市コローニア・ユーリア・エキュストリス（Nyon）建設
44-43	植民都市コローニア・ラウリカ建設
15	アウグストゥスはラエティア人を討ち、スイスをローマの支配下に入れる
15頃	**アウグストゥス、北イタリアで品種改良したブドウをスイスのアルプスの南斜面に植樹して成功を収める**
4頃	イエス・キリスト誕生
紀元73-74	アウエンティクム（Avenches）建設
91	**ドミチアヌス「植民地ブドウ栽培制限令」によりブドウ畑の破壊、ワイン生産調整**
259-260	ゲルマンの侵入開始
276-282	**プロブス、ブドウ畑開墾指令**
379	ジュネーヴ司教区設立
401	ローマ軍イタリアへ撤退
443	古ブルグント王国成立
476	西ローマ帝国崩壊
515	ブルグント王ジギスムント、サン・ピエール　パシリカ

	会堂、サン・モーリスを建設
620 頃	**ザンクト・ガレン周辺で修道士たちによるブドウ栽培が始まる**
747	ザンクト・ガレン修道院建立
780-790	ミュシュタイル修道院建立
800	カール、西ローマ帝国を再建し、皇帝となる
910	**ベネディクト会修道士により、ヌーシャテル州コモンドレッシュやティチーノ州ジョルジュニコを起点としてブドウ栽培が広まる**
999	シオン司教、ヴァレー州の統治を神聖ローマ帝国皇帝から委ねられる
1011	ローザンヌ司教、ヴォー州の統治を神聖ローマ帝国皇帝から委ねられる
1020 頃	ハプスブルグ家、アールガウに「鷹の城」を建設
1032-1033	ブルグント王国、神聖ローマ帝国へ編入
1098	**シトー会設立により、各地にブドウ栽培が広まる**
1141-1145	**複数の修道院によりラヴォー地区のブドウ畑が整備される**
1200 頃	ゴッタルド峠開削
1291	8月1日ウーリ、シュヴィーツ、ニトヴァルデンが永久同盟を締結。12月にオプヴァルデンも参加。
1318	チャーターハウス・ラ・ランス（La Chartreuse de la Lance）建設
1347	ペスト、ヨーロッパ各地で猛威を振るう
1353	永久同盟の3州にグラルス、ツーク、ルツェルン、チューリヒ、ベルンの各州が加わり8州同盟締結
1458	イッティンゲン修道院建立

1499	シュワーベン戦争。ドルナハの戦いでハプスブルク軍に勝利し、スイス事実上の独立
1513	8州同盟にフリブール、ソロトゥルン、バーゼル、シャウハウゼン、アッペンツェルが加わり、13州同盟を締結
1519	フリードリヒ・ツヴィングリ司祭、チューリヒで活動開始
1528	ベルンで宗教改革実施
1536	ジュネーヴ共和国独立 カルヴァン、ジュネーヴの宗教改革運動に協力
1541	カルヴァン、再びジュネーヴの宗教改革に取り組む
1575	**アンドレア・バッチ『ワインの自然史』（De Naturali Vinorum Historia）でスイスワインを世界に紹介**
1580	**モンテーニュ『旅日記』（Journal du Voyage）にスイスワインを紹介**
1618	三十年戦争勃発
1653	スイス農民戦争勃発
1685	ナントの王令廃止　フランスから多数のカルヴァン派が亡命
1761	ルソー『新エロイーズ』によりスイスが観光ブームになる
1789	フランス革命勃発
1796	**ヴォー州のブドウ栽培者であるジャン・ジャック・デュフォア、アメリカのオハイオ川周辺でブドウ栽培に成功**
1797	**ヴヴェイのワイン生産者協会（Confrérie des Vignerons）により、「ワイン生産者の祭り」（Fête des Vignerons）が定期的に開催されるようになる**
1798	ヘルベティア共和国樹立

1815	スイスの永世中立がウィーン会議において承認され、22州よりなるスイス同盟成立
1822	**植物学者のルイ・ビンセント・タルデント、ロシア領ベッサラビアに入植に向かう**
1830-1831	スイス全土で民主化が進む
1833	バーゼル、都市と農村の分裂
1841-1843	アールガウ修道院解散を巡る争い
1848	連邦国家誕生
1870-1880 頃	**フィロキセラ、うどん病、ベト病、ヨーロッパ各地とスイスを襲う**
1864	日本との和親通商条約締結
	国際赤十字設立
1868 頃 -	瓶詰ワインの流通が活発になる
1871	ゴットハルト鉄道会社設立
1872	**ガイセンハイムのブドウ研究所設立**
1874	連邦憲法全面改正（4月1日）
1877	「工場法」制定
1880	**ハインリッヒ・エドワード・ウェーバー、ハンガリーのバラトン湖周辺にブドウ農園「ヘルヴェティア（Helvétia）」を開園**
1880-1920	**工業化と共にスイス全土のブドウ畑減反**
1882	ゴットハルト・トンネル完成（6月1日から営業）
	ヘルマン・ミュラー博士がドイツのガイセンハイムのブドウ研究所で交配品種の開発に着手
1886	ニヨン郊外に連邦農業研究所（La Station fédérale de recherches agronomiques de Changins:RAC）設立
1890	ヴァーデンスヴィルのワイン研究所の前進（Deutschsch-

	weizerische Versuchsstation für Obst-, Wein- und Gartenbau) 設立
1891	**ヘルマン・ミュラー博士、ガイセンハイムのブドウ研究所からスイスのヴァーデンスヴィルの研究所に移る** **政府が輸入ワインに課税**
1891	憲法の部分改正、「国民発議権」が承認される
1893	スイス連邦公衆衛生総局（Swiss Federal Office for Public Health, 'SFOPH'）設立
1897	ミュラー・トゥルガウ **Müller-Thurgau の完成**
1898	主要鉄道幹線、連邦鉄道となる
1906	最初の「食品法」制定
1914	第一次世界大戦勃発
1918	ゼネスト不成功に終わる
1920	国際連盟加入、制限中立の立場をとる
1936	**政府が輸入ワインの関税をさらに強化**
1938	絶対中立に戻る、国際連盟による制裁義務免除
1945	国際連合設立会議に不参加、中立主義の立場を維持
1953	**ワイン法の制定**
1955	**農業法の制定**
1960	EEC（ヨーロッパ経済共同体）には参加せず、EFTA（ヨーロッパ自由貿易連合）を創設
1965	ドラル **Doral が農業研究所（Agroscope Centre de recherche Pully）で開発される**
1970	ガ　マ　レ　　　　ガラノワール　　　ディオリノワール **Gamaret、Garanoir、Diolinoir が農業研究所（Agroscope Centre de recherche Pully）で開発される**
1971	女性参政権の承認
1972	拡大 EC と欧州自由貿易地域協定を締結

1979	ジュラ州の誕生	
1984	初の女性閣僚誕生	
1986	国連加盟提案を国民投票で否決	
1989	軍隊廃止の国民発議を国民投票で否決	
1990	**Garanoir（ガラノワール）が公式認可される**	
1991	建国 700 年を迎える	
1992	**農業改革始まる**	
	EEA（ヨーロッパ経済地域）加盟を国民投票で否決	
1995	「LMG 法」（食品法）制定（7 月 1 日）	
1996	レト・ロマン語を第四の公用語として国民投票で認める	
1999-2002	農業政策 2002 を実施	
2000	スイス連邦憲法施行（1 月 1 日）	
2001	**ワイン輸入の自由化政策を実施**	
2004-2007	農業政策 2007 を実施	
2005-2017	A.O.C.（原産地統制呼称）制度の整備	
2007	**ラヴォー地区のブドウ畑がユネスコの世界遺産として認定される**	
	「ブドウ栽培とワインの輸入に関する連邦令」制定	
2008-2011	**農業政策 2011 を実施**	
2009	**日本・スイス経済連携協定（EPA）署名**	
2012-2013	農業政策 2011 の施策を継続して実施	
2014-2917	農業政策 2017 を実施	
2016	**「ワイン生産者の祭り」（Fête des Vignerons）ユネスコの無形文化遺産に認定される**	
2016	世界最長の鉄道トンネル「ゴッタルド・ベーストンネル」を通り、アルプスの南北を結ぶ新ゴッタルド線の鉄道運行開始	

2018   新たな農業政策実施開始
2019   連邦政府、ワインに関しての品質管理強化を実施

『オシャレなスイスワイン　観光立国・スイスの魅力』要約

　筆者が 2001 年に日本で初めてのスイスワイン書を出版してから、約 20 年が経ちました。その間、スイスは農業改革を重ね、A.O.C.（原産地統制呼称）を整備し、ワインの品質向上を図ってきました。

　貿易では、スイス製品の関税撤廃に向けて「日本・スイスは経済連携協定」が締結されて、日本でも多くのスイス製品と共にスイスワインが注目されるきっかけとなりました。

　観光では、ヴォー州、レマン湖畔のラヴォー地区（Lavaux）のブドウ畑や 20 年に一度開催される「ワイン生産者の祭り」（Fête des Vignerons）がユネスコの世界遺産と無形文化遺産に登録されて、スイスワインが更に世界からも注目を集める様々な動きとなりました。

　農業では、地球温暖化による気候変動や害虫に適応したブドウの交配品種を開発し、新たな食の時代の味覚を意識したワイン造りで、世界市場へとマーケットを少しずつ拡大するなどの動きも見られます。

　また、スイス全土に広がる美しいブドウ畑の景観は、自然環境の保護と共に維持されて、観光と結び付いてエコツーリズムとして展開する新たな動きもあります。

　この書においては、多面的に進化するスイスワインを深く理解するために、ヘルウェティ族とローマ人たちの共存に始まるスイスワインの歴史や日本とスイスの交流などの過去の歴史を辿り、スイスワインをこよなく愛したオードリー・ヘップバーン（Audrey Hepburn）、アーネスト・ヘミングウェイ（Ernest Hemingway）、シャルル＝フェルディナン・ラミュ（Charles- Ferdinand Ramuz）などの著名人たちの人生にもスポットを当てて、そこに見えてくる新しいスイスの姿を通して観光大国スイスの魅力を紐解いてみたいと思います。

著者　井上萬葡 _{（イノウエバンポ）}

A SYNOPSIS OF STYLISH SWISS WINE: Switzerland that makes an attractive tourist destination

by Vanpo Inoue

About twenty years have passed since the author published what was the first book in Japan (2001) about Swiss wine. Ever since then, Switzerland has repeated agricultural reforms, kept A.O.C. (Appellation d'Origine Contrôlée) in good condition and contemplated quality improvements of wine.

In trade, 'a reciprocal agreement on economic cooperation between Japan and Switzerland' has been reached for the purpose of removing the tariff on Swiss products. As a result Japan's attention was directed to Swiss wine as well as Swiss products in general.

In tourism, vineyard terraces in Lavaux by Lake Leman and 'Fête des Vignerons', held once every twenty years, have long been registered on the UNESCO World Heritage and Intangible Cultural Heritage List, which has more and more drawn worldwide attention to Swiss wine.

In agriculture, Switzerland has tried to develop a new hybrid of grapes appropriate for climate change and an outbreak of insect pests under the influence of global warming, and has aimed at expanding little by little the market leading to the world marketplace by producing wine with a strong sense of taste appropriate to the coming new era of food and drink.

The magnificent sight of beautiful vineyards spreading across the country has been preserved along with the protection of the natural environment and this has brought about a new direction for ecotourism.

This book traces the history of Swiss wine beginning with the coexistence of Helvetii and the Romans, and the history of cultural exchange between Japan and Switzerland, in order to create a deep appreciation of Swiss wine which is still making progress in a multifaceted way: directing a spotlight on the lives of celebrities such as Audrey Hepburn, Ernest Hemingway and Charles-Ferdinand Ramuz who were all lovers of Swiss wine.

The author wishes, in this book, to clarify why Switzerland is so popular with many tourists.

【井上萬葡（ばんぽ）プロフィール】

1958 年、大阪府生まれ。スイスワイン研究家・ワインジャーナリスト。在日スイス商工会議所（SCCIJ）会員。
大阪樟蔭女子大学 学芸学部英米文学科卒業。
女子栄養大学 食生活指導士一級。

著書・雑誌記事

〔著書〕

単　　著『霊峰に育まれたスイスのワイン』2001 年、産調出版
分担執筆『スイス 小さな国のひそかな楽しみ』1997 年、トラベルジャーナル
分担執筆『ワインの事典』1997 年、産調出版
分担執筆『地球の歩き方 スイス 2005 ～ 2006 年版』2005 年、ダイヤモンド・ビッグ社
分担執筆『世界のワイン事典 2009-10 年版　別冊世界の原産地呼称ブック』2008 年、講談社

〔雑誌記事〕

「歴史的祭典"ヴィニュロンのお祭り"にスイスワインを見る」〔一般社団法人ソムリエ協会、Sommelier No.50、1997 年〕、「Vinographia Fantastica ②デザレー・ラルバレット スイスへの招待」〔ワールドフォトプレス、世界の腕時計 No.74、2005 年〕、「Vinographia Fantastica ⑤メルロ ギャマレ スイス時計とワイン ものつくりの 周縁」〔同誌 No.77、2005 年〕、「Vinographia Fantastica ⑧レ・ショーメ オイュ・ドゥ・ペルドゥリ スイスアルプスがくれた贈物」〔同誌 No.80、2006 年〕、「Vinographia Fantastica ⑪ツィツァザーフェーダーヴァイス」〔同誌 No.83、2006 年〕、「2001 年第 8 回メートル・ド・セルヴィス杯優勝」〔フランス料理文化センター、アミティエ・グルマンド第 4 号、2006 年〕、「知られざるワイン大国 スイスワインの魅力」〔たる出版、月刊たる No.324、2009 年〕など

オシャレなスイスワイン　観光立国・スイスの魅力　CPC リブレ No. 11

2019 年 10 月 31 日　第 1 刷発行

著　者　　井上萬葡
発行者　　川角功成
発行所　　有限会社　クロスカルチャー出版
　　　　　〒 101-0064　東京都千代田区神田猿楽町 2-7-6
　　　　　電話 03-5577-6707　　FAX 03-5577-6708
　　　　　http://crosscul.com
印刷・製本　（株）シナノパブリッシングプレス

エコーする〈知〉 CPCリブレ シリーズ

No.1～No.4　A5判・各巻本体1,200円

No.1 福島原発を考える最適の書!!

今 原発を考える－フクシマからの発言

●安田純治(弁護士・元福島原発訴訟弁護団長)
●澤　正宏(福島大学名誉教授)
ISBN978-4-905388-74-6

3.11直後の福島原発の事故の状況を、約40年前すでに警告していた。原発問題を考えるための必備の書。書き下ろし「原発事故後の福島の現在」を新たに収録した《改訂新装版》。

No.2 今問題の教育委員会がよくわかる、新聞・雑誌等で話題の書。学生にも最適!

危機に立つ教育委員会

教育の本質と公安委員会との比較から教育委員会を考える

●髙橋寛人(横浜市立大学教授)
ISBN978-4-905388-71-5

教育行政学の専門家が、教育の本質と関わり、公安委員会との比較を通じてやさしく解説。この1冊を読めば、教育委員会の仕組み・歴史、そして意義と役割がよくわかる。年表、参考文献付。

No.3 西脇研究の第一人者が明解に迫る!!

21世紀の西脇順三郎 今語り継ぐ詩的冒険

●澤　正宏(福島大学名誉教授)
ISBN978-4-905388-81-4

ノーベル文学賞の候補に何度も挙がった詩人西脇順三郎。西脇研究の第一人者が明解にせまる、講演と論考。

No.4 国立大学の大再編の中、警鐘を鳴らす1冊!

危機に立つ国立大学

●光本　滋(北海道大学准教授)
ISBN978-4-905388-99-9

国立大学の組織運営と財政の問題を歴史的に検証し、国立大学の現状分析と危機打開の方向を探る。法人化以後の国立大学の変質がよくわかる、いま必読の書。

No.5 いま小田急沿線史がおもしろい!!

小田急沿線の近現代史

●永江雅和(専修大学教授)
●A5判・本体1,800円+税　ISBN978-4-905388-83-8

鉄道からみた明治、大正、昭和地域開発史。鉄道開発の醍醐味が〈人〉と〈土地〉を通じて味わえる、今注目の1冊。

No.6 アメージングな京王線の旅!

京王沿線の近現代史

●永江雅和(専修大学教授)
●A5判・本体1,800円+税　ISBN978-4-908823-15-2

鉄道敷設は地域に何をもたらしたのか、京王線の魅力を写真・図・絵葉書入りで分りやすく解説。年表・参考文献付。

No.7 西脇詩を読まずして現代詩は語れない!

詩人 西脇順三郎 その生涯と作品

●加藤孝男(東海学園大学教授)・
　太田昌孝(名古屋短期大学教授)
●A5判・本体1,800円+税　ISBN978-4-908823-16-9

留学先イギリスと郷里小千谷を訪ねた記事それに切れ味鋭い評論を収録。

No.8 "京王線"に続く鉄道路線史第3弾!

江ノ電沿線の近現代史

●大矢悠三子
●A5判・本体1,800円+税　ISBN978-4-908823-43-5

古都鎌倉から江の島、藤沢まで風光明媚な観光地10キロを走る江ノ電。"湘南"に詳しい著者が沿線の多彩な顔を描き出す。

No.9 120年の京急を繙く

京急沿線の近現代史

●小堀　聡(名古屋大学准教授)
●A5判・本体1,800円+税　ISBN978-4-908823-45-9

沿線地域は京浜工業地帯の発展でどう変わったか。そして戦前、戦時、戦後に、帝国陸海軍、占領軍、在日米軍、自衛隊の存在も──。

No.10 資料調査のプロが活用術を伝授!

目からウロコの海外資料館めぐり

●三輪宗弘(九州大学教授)
●A5判・本体1,800円+税　ISBN978-4-908823-58-9

米、英、独、仏、露、韓、中の資料館めぐりに役立つ情報が満載。リーズナブルなホテルまでガイド、写真30枚入。